真永是真
Knowledge Feast Lecture

一生必讀的 **999** 則智慧真理

長板效應
彼得原理
AI賺錢術

國家圖書館出版品預行編目資料

長板效應、彼得原理、AI賺錢術 / 吳宥忠著. -- 初版.
-- 新北市：創見文化出版，采舍國際有限公司發行，
2025.06 面；公分--

ISBN 978-626-405-023-4（平裝）

1.CST: 職場成功法　2.CST: 人工智慧

494.35　　　　　　　　　　　　　　　　114004453

長板效應、彼得原理、AI賺錢術

創見文化・智慧的銳眼

作者／吳宥忠

出版者／創見文化

總策劃／Jacky Wang

總編輯／歐綾纖

主編／蔡靜怡

美術設計／Maya

台灣出版中心／新北市中和區中山路2段366巷10號10樓

電話／（02）2248-7896　　　　傳真／（02）2248-7758

ISBN／978-626-405-023-4

出版日期／2025年6月

本書採減碳印製流程，碳足跡追蹤，並使用優質中性紙（Acid & Alkali Free）通過綠色碳中和印刷認證，符合歐盟&東盟環保要求。

全球華文市場總代理／采舍國際有限公司

地址／台灣新北市中和區中山路2段366巷10號3樓

電話／（02）8245-8786　　　　傳真／（02）8245-8718

華文自資出版平台
www.book4u.com.tw
elsa@mail.book4u.com.tw
iris@mail.book4u.com.tw

全球最大的華文圖書自費出版中心
專業客製化自資出版・發行通路全國最強！

用知識換不惑，用真理見真純！

★ ★ ★

　　書是人類智慧的精華，亦是人類將知識代代相傳的工具。然現今資訊更新迅速，書的種類越出越多，出版的速度也越來越快，使得人在浩瀚書海中，難以有效率地找到符合自己需求的知識。這套《真永是真》人生大道叢書因應時代變化、原有思維模式改變而出版，本系列套書集結了王董事長與各領域專家賢達們的人生經驗和體悟，對於書中歸納的理論，也有與眾不同的詮釋與獨到的見解，用不一樣的角度來剖析這些真理與定律，發掘更多應用的面向，更聚焦AI趨勢，打開你全新的思維坐標，將新知熱點轉化為個人競爭力。使得我在閱讀《真永是真》叢書時，腦海中一直閃現亮光，思維變得更加靈活開闊，對於生活的難題以及人生困境，有了新的啟發與披荊斬棘的勇氣。我相信並真摯的推薦，《真永是真》是你思維重啟、能力升級的起點，是解決問題的百科全書，用知識換不惑，用真理見真純。

我與王董事長相識已逾三十年，對於他的為人，甚為熟稔。不論是與他商討公司運營事宜、未來方向、私下閒談，王董說起話來滿是金玉良言，字字珠璣，令我如沐春風，受益匪淺。好學不倦的他，總是樂於在書堆中挖掘真理，時常讀書寫作到三更半夜，對於探索知識與智慧的渴望，真可謂狂熱。他涉獵的領域甚多，舉凡數理文史哲皆難不倒他。上知天文，下知地理，可以說是一位學富五車的當代儒士。他不僅讀萬卷書，更有數十年的人生經歷，其對世界的認識和體悟，何其深廣。這套《真永是真》可謂王董事長的學問結晶，它猶如一把鑰匙，為您開啟智慧的大門、知識的殿堂，絕對能幫助現代人解決人生幾乎所有的疑難雜症！

　　《真永是真》人生大道叢書不但內容完整，有353冊紙本書、電子書、有聲書，甚至提供Vlog視頻、演講課程，讓讀者能以多元的方式學習現代人應當必懂的真理與趨勢，書中提及的理論與原則甚多，雖看似深奧難懂，其實在生活中隨處可用，隨時可見。「真永是真」結合道理與事例，內容深入淺出，敘述流暢，論證有力，藉由實際又生活化的事例，來印證這些道理的價值與實用性。只要一開始閱讀，就會停不下來，只要開始買一本，就會想要收藏全書系。這魔力般的效應，邀請您一同來體會。

推薦序一 Foreword

　　學習是一生之久的事，閱讀更是豐富心靈及拓展思維的最佳途徑。一本值得閱讀的好書，乃是文字化身的良師益友。《真永是真》套書能帶給讀者知識的亮光，帶領讀者認識世界與人生。甚至可說，這套《真永是真》可讓愚昧人變智慧人，使凡夫俗子變知識份子。《真永是真》要給您的，不只是知識的厚度，更是穿越變局的力量，讓您在瞬息萬變的世代，不斷提升自我、突破思維界線，增加競爭力，成為無可取代的人，成就您想要的人生！

華文網出版集團總編輯
歐綾纖

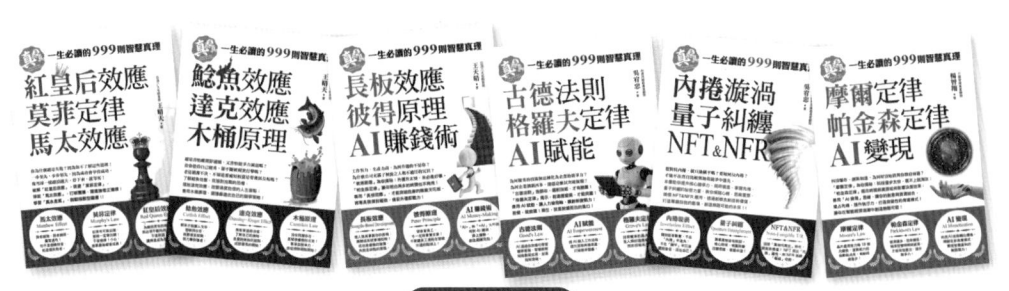

不只是知道，而是成為能駕馭真理的人

★ ★ ★

　　這是一套介紹蘊含了大量智慧，用實際的理論與多元領域的知識去講述人生真理的書籍，如果能將這套書的內容熟讀，大量運用在現實生活中，就能明白各種日常可見的現象是怎麼發生，並知道要如何利用這些真理智慧去破解困境，更加彈性與靈活地去面對各種挑戰！

　　身為王博士的多年好友，我曾受邀參加其生日趴讀書會，因此而得知了真永是真讀書會與相關系列套書，並有幸拜讀了此系列的第一本作品《馬太效應、莫非定律、紅皇后定律》，隨著一頁一頁地仔細閱讀，我頓時有了醍醐灌頂般的感受，原來我們生活中曾經遇到、曾經發生的事情並非偶然，很多事情的發生必然有跡可循，各種錯誤或災害的發生，都能從過去的軌跡中找到真正的源頭！

　　在真永是真系列的第一冊中，介紹了對許多人來說耳熟能詳的

推薦序二 Foreword

　　紅皇后效應、莫非定律與馬太效應，這些是很多人或許聽說過，卻沒想到要應用在生活中或不知道要如何應用的理論，書中舉了許多可以幫助讀者輕鬆理解與應用的例子，並加入了從各種領域與身分的不同視角中對定理的解讀與使用方法，讓讀者們可以更加深入地明白這些道理背後所隱藏的真正價值。

　　第一冊中深入淺出的敘述方式以及實用性，都在第二冊的內容中保留了下來。介紹了屬於管理學範疇的「鯰魚效應」、社會心理學中的「達克效應」以及由農業學領域發展而來的管理學理論——木桶原理，這些定理來自不同領域，但書中並非死板地以它們所屬的範圍去進行解釋與應用，就算是企業管理學中的鯰魚效應，也能成為個人自我約束、自我警惕的參考；社會心理學中的達克效應，也能成為教育者與學生做自我規劃與班級管理的依據，還有本身就跨越了兩個領域、在許多場合與範圍都能夠應用的木桶原理，都具有非常高的實用性。

　　過去在接觸這些效應與現象時，我們常常都是用粗淺的理解去看待這些知識，例如：在網路上知道了達克效應的相關資訊時，就直接將達克效應當成諷刺自以為是的人最好用的素材；看到鯰魚效應的內容時，直接認定鯰魚效應是管理者才需要學習的知識，因

此止步於「知道有這樣的管理手段」，而未能進一步了解上司會如何使用相關的手段操控我們，以及受到影響之後要如何反制，讓自己能更游刃有餘地面對上司們的手段。因為要深入挖掘這些知識的價值，就需要大量收集資料並耗費許多時間進行思考，所以即便這些理論能讓人更有能力、培養更正確的觀念去應對大環境的壓力與競爭，但一般人還是很懶得去研究、發現這些知識的實用之處，這個時代，不缺知識，缺的是方向；不缺資訊，缺的是選擇。不是資訊多就能勝出，而是看你能不能整合、選擇、實踐，這套《真永是真》為我們節省了蒐集資料的時間與精力，讓我們能夠更簡單有效地了解這些理論會如何發生在我們的生活中，以及要如何破解這些理論帶來的影響並正確地運用。

除了真正了解這些定理、效應的意義之外，這套書還能幫助讀者塑造一個更加重要的觀念，那就是：沒有什麼道理是絕對正確的，也沒有什麼道理是只能用在一個方向上的，這些理論都是基於人的研究與歸納而產生的，最終勢必也要回歸到人類的社會之中，而人與人之間的相處方式與造就的結果是彈性且多變的，並非條列式的理論所能束縛、設立框架的，所以不論是什麼學說，都要回到人的身上去思考，以更加靈活和柔軟的心態去面對，將所學的知識

推薦序二 Foreword

真正吸收，在生活中各種想得到、想不到的方方面面中落實與應用，以此帶來與過往完全不同的精彩人生。

我衷心推薦《真永是真》系列叢書，相信大家都能跟我一樣重啟認知導航系統，真正將知識轉為能用、能賺錢、能做選擇的實戰力！希望這套書（全系列共353本）能夠幫助大家學習更多的人生真智慧，並在未來遇到困難與困境時，能夠用更加多元與豐富的方法，去解決過往無法解決的人生難題，做能駕馭未來的那個人！

風華集團總經理　柯明朗

Foreword

終身學習與世界同步進化

★ ★ ★

　　王董事長是我的第一位老闆，應該也會是唯一的老闆！是我的事業教練、人生導師！跟在王董身邊多年，除了學習到出版的專業，還能學習到出版範疇外的新知識、新趨勢與人生大智慧，因為王董是熱愛學習、博學多聞的，對於全球新知總是即時更新，跟著世界同步，例如在 ChatGPT 剛一推出，他就與我們編輯分享這一軟體應用的利弊。而我們總是常常半夜就能在 line 或 mail 收到王董發來的 AI 發展趨勢、創新觀點分享與人生感悟。他對知識的渴求、敏捷的瞬思力、動態思維，稱王董為「活書櫃」，一點也不誇張。其對社會與人生具有獨到且深刻的見解，總是能提出務實又切中要點的建議，令我欽佩不已，不僅將《真永是真》這套書全面轉進 AI 領域，還成功從紙本出版轉型為 AI 知識服務，開創了出版業的全新格局！

　　「真永是真」一詞是出自張國榮《沉默是金》這首歌，歌詞「是錯永不對，真永是真……」，真正有價值的事物，經得起時間的考驗，那些經歷歷史考驗的真理，蘊含著深奧的哲理與大智慧。

推薦序三 Foreword

王董遂效法孔子有教無類「述而不作」之精神，統籌編纂《真永是真》人生大道系列叢書，想以其五十年的所知所學、人生體驗與感悟，將古、今、中、外堪為借鑑與套用的真理、觀念、道理進行「重整」與「再詮釋」，集結各領域學者專家，整編、統整、歸納，才有這套集成功學和心理學、管理學、經濟學、物理學、AI創富……等包含各類向領域，讓真理以嶄新方式呈現，轉化為當代可實踐的人生智慧，使之更貼近AI時代應用，為您的工作、生活釋疑解惑，重導人生方向！

古代有《四庫全書》及《永樂大典》，現代則有《真永是真》。這三套書皆為知識匯集的結晶，而《真永是真》的內容十分貼近今日社會所需，能夠帶領讀者重啟思維、重構人生，以「閱讀」探索多元樣貌的世界，從中探求人生與生活的突破口及掌握未來的趨勢。其包括的理論多達999種，例如：馬太效應、莫菲定律、紅皇后效應、蝴蝶效應、二八定律……等流傳百年的真理。另外，《真永是真》用語淺顯易懂，論證有力，這套書就如一把鑰匙，為您開啟智慧的大門、是您吸收知識、活用知識的最佳解方，本本是經典，冊冊都是新世界，絕對值得您細細品味！

創見文化社長 蔡靜怡

智慧是別人搶不走的寶貴資產

★★★

　　知識就是力量！出書則是力量的展現！智慧又是知識的昇華！然而多少曠世鉅著已被大多數人束之高閣？偌大的知識體系乏人整理編輯，其強大的知識力也就難以發揮了！所以有系統地出書灌溉了知識與智慧的活水，希望能有更多讀者願意把這套書翻開、買回家、繼續讀！這樣知識就有了生命力！智慧於焉誕生。

　　智慧為世上最珍貴的東西，別人搶不走的寶貴資產。我在策劃這套叢書時，不時會想起孔子有云：「述而不作，信而好古」。何謂「述而不作」？「述」意指敘述，「不作」則指不創作。「述而不作」即為敘述已存在的真理，而不創造新的理論。事實上，真理是永恆不變的，不會隨著時間變遷而被淘汰。這套書僅僅是蒐集、整理能應用於當今社會之智慧，並匯聚跨界專家之力，重新整編與詮釋真理智慧，轉化為貼近當代、實用入世的生命指引，再現其寶貴與價值。換言之，這套書僅是利用早已存在的道理，讓真理以嶄新方式呈現，轉化為當代可實踐的人生智慧。

編策劃序 Preface

　　另外，知識的取得，早已不限於紙本書。隨著科技發展、時代進步，學習的方式與素材也變得更多元，舉凡影音平台、線上講座，皆為吸收知識的途徑。為了符合當今的趨勢，我以EPCBCTAIWSOD十二種載體為發展方針，盼望以不同的方法，來傳播各種知識，使學習這件事變得更為輕鬆方便。

　　EPCBCTAIWSOD乃若干英文單詞字首字母之縮寫，表示我們提供的各類知識學習平台：電子書〈E-book〉、紙本書〈Paper〉、簡體書〈China〉、區塊鏈〈Blockchain〉、影音說書〈Channel〉、培訓〈Training〉、有聲書〈Audio book〉、國際版權〈International〉、作家〈Writer〉、講師〈Speaker〉、眾籌〈Other people's money〉開放式平台以及直效行銷〈Direct Selling〉。藉由多樣化的工具，讓知識能夠被更多人吸收，不受時

★ 全球首創EPCBCTAIWSOD同步 ★

E-Book 電子書
Paper 紙本書
China 簡體書/版權
Blockchain 區塊鏈
Channel 影音說書
Training 線上&線下培訓
Audio book 有聲書/網路廣播
International 國際版權
Writer 暢銷書作家
Speaker 國際級講師
Other people's Open 借力眾籌 開放式平台
Direct selling 學習型直銷體系

空限制，KOD和WOD都能成為最有價值的商品、投資自我的最佳選擇。我希望EPCBCTAIWSOD能以知識服務更多華人，讓學習成為潮流，使人享受充實自我之樂趣。若EPCBCTAIWSOD能幫助更多人加入多元學習的行列，對我而言，實在是與有榮焉！

　　我由衷希望這套《真永是真》能為讀者打造「可實踐」的強大認知系統，打破思維慣性，擴展對世界的理解邊界，成為駕馭未來的π型人生實踐者！願《真永是真》這套書能成為您生命中的明燈，能在書中，找到那句最打動您的話、那個改變命運的觀念，為您的人生導航。我也相當高興可以出版這套跨越時代、跨越文化，融合東方哲思與西方理性的《真永是真》系列叢書，為真理的匯集、知識的傳遞與智慧的啟迪，獻上一己之力。

Jacky Wang

於台北上林苑

作者序 Preface

創造新價值，打造專屬自己的藍海

★ ★ ★

　　歡迎翻開這套《真永是真》人生大道叢書。我是這套書的主編與主要作者之一，很榮幸能與大家分享這些珍貴的智慧。這套書的誕生，離不開王董事長的悉心統籌規劃。他以其五十年的人生體驗與感悟，效法孔子「述而不作」的精神，為您講道理，助您明智開悟。王博士從博大精深的古今理論中汲取智慧，整理並總結了前人的經驗與教訓，並結合現代的需求，創作了這套涵蓋心理學、經濟學、管理學、賺錢學、AI創富等多領域的百科全書。

　　我有幸能成為這套叢書的編輯委員會主任委員，參與這套書的編纂工作。這是一個龐大而艱鉅的工程，我們從數十萬本書籍中精選出999個真理，以現代語彙重新詮釋真理，讓古老智慧走進當下、啟發未來。並收錄了許多當代熱門議題，如NFT&NFR、量子糾纏、AI趨勢……內容豐富多樣，從古代經典到現代科學，從西方哲學到東方智慧，無所不包。在這個資訊爆炸的時代，我們面臨著海量的信息和知識，常常不知道從何入手。這套叢書將幫助您精

準解讀書中的重要概念，將其轉化為精神財富，真正做到「活用知識」，「活出見識」。

在這個變化劇烈、競爭激烈的時代，個人成長與企業發展的挑戰不斷升級。您是否曾經疑惑：為何努力工作卻總是卡在升遷門檻？為何組織中充斥著無能之人？為何AI帶來的機會與風險並存，讓人無所適從？這本《長板效應、彼得原理、AI賺錢術》，將幫助您在職場與市場中找出突破口，避開成長陷阱，運用AI打造更強的競爭優勢！「彼得原理」提醒我們，升遷不當反而會成為職場瓶頸，能力與職位的不匹配將導致個人與組織的崩潰。如何避免這種困境？「長板效應」提供了解方——發揮個人長處、補足組織短板，才能在競爭中立於不敗之地。然而，在AI時代，光靠個人努力已經不夠，「AI賺錢術」將教您如何運用AI，降本增效、提升產能、創造價值，讓您成為不可取代的人才！

希望這本書能幫助您在變局中掌握趨勢，在挑戰中創造機會，最終實現個人與事業的全面升級！為您提供實用的指導和啟發，幫助您在迷茫中找到方向，在困境中看到希望。讓我們一同追求真理，分享智慧，創造更加美好的人生。

吳宥忠

Contents

Part 1 長板效應 STRENGTHS-BASED DEVELOPMENT

What & Why

1. 「長板效應」背後的故事 …………………………… 022
2. 長板效應、木桶原理，互相矛盾嗎？ …………… 026
3. 攻防差異與使用時機 ………………………………… 029
4. 坐在哪個位置，決定你用長板或短板 …………… 037
5. 長板效應對個人的影響 ……………………………… 047
6. 消失的長板：為什麼找不到自己的優點？ ……… 056

How & Do

7. 與大企業競爭：揚長避短 …………………………… 071
8. 找到定位，打開市場 ………………………………… 077
9. 設計出理想的長板 …………………………………… 082
10. 不是所有長板都要 …………………………………… 086
11. 收購時可以接受的長板 ……………………………… 090
12. 找回消失的長板：擺脫自卑 ………………………… 095

Plus

13. 對長板效應的警示：邯鄲學步的故事 …………… 105

Part 2 彼得原理 PETER PRINCIPLE

What & Why

1. 「彼得原理」背後的故事 …………………………… 112
2. 優秀的下屬為何會成為平庸的上司？ ………… 119
3. 不適任者會出現的現象 …………………………… 124
4. AI時代的彼得原理現象 …………………………… 137
5. 升遷的推力與拉力 ………………………………… 141
6. 就算是例外，也逃不過彼得原理 ……………… 144

How & Do

7. 升遷之前，可以這麼做 …………………………… 149
8. 如何婉拒升遷？ …………………………………… 156
9. 打破不適任的魔咒 ………………………………… 162
10. 調整選才機制 ……………………………………… 167
11. 勝任力VS任職資格 ………………………………… 173
12. 事先培養候選人所需的能力 …………………… 181
13. 如果升遷≠獎勵，還有哪些獎勵機制？ …… 186

Plus

14. 彼得原理VS帕金森定律 …………………………… 191
15. 彼得原理VS呆伯特法則 …………………………… 199

Part 3 AI賺錢術 AI MONEY-MAKING

Basics & Strategies

1. 用AI賺錢的基礎概念與優勢 …… 204
2. AI如何改變被動收入的格局 …… 215
3. 打造屬於自己的AI賺錢生態系統 …… 221

AI Applications

4. 自動化內容創作：用AI打造內容帝國 …… 226
5. ＋AI的電子商務與產品銷售 …… 235
6. AI在投資與財務管理中的應用 …… 239
7. AI賦能的行銷策略 …… 243
8. AI數字人的獲利商機 …… 247
9. 無產品、無庫存也能輕鬆實現聯盟行銷 …… 250
10. 元宇宙與虛擬經濟：AI如何改變創收模式 …… 253
11. 自動化創意產業：AI在藝術、音樂與設計領域的潛力 …… 257
12. 職場自動化與個人品牌經濟的崛起 …… 260
13. 合法合規地應用AI工具 …… 263
14. AI賦能：開創無限商機與財富新時代 …… 266

15 AI生成藝術的商機 ———————————— 270

16 自動化寫作的創收模式 ——————————— 274

17 AI聊天機器人的商業應用 —————————— 277

18 用AI創作YouTube影片 —————————— 280

19 AI在電商行銷的應用 ———————————— 283

20 AI在遊戲開發中的商業應用 ————————— 286

21 AI金融投資顧問的自動化交易 ———————— 289

22 ＋AI的線上教育與培訓：個人化學習的未來 —— 293

23 AI法律助理與文件審查 ——————————— 298

24 AI輔助的個人化健身計畫 —————————— 302

附錄

1 面對AI重寫世界規則，你也該重寫人生劇本！ —— 307

2 對齊AI引領新方向！ ———————————— 319

PART 1 長板效應

源自於美國知名調查研究與管理顧問公司 Gallup 的研究，並於《Now, Discover Your Strengths》這本書中首次系統性提出：「與其修補弱點，不如聚焦發展天生強項」的概念，並被廣泛應用於職場、教育、領導力發展與個人成長領域。

在傳統觀念中，我們習慣關注「短板」，補足自己的不足，避免弱點拖累成長。但「長板效應」提出不同的觀點：與其花大量時間補弱點，不如專注放大你的強項，這樣你能成長得更快、更有價值。真正的強者，不是樣樣通，而是在某一領域做到極致！

長板效應
Strengths-Based Development

What & Why

1

「長板效應」背後的故事

★ ★ ★

　　長板效應是由木桶原理所延伸出來的理論，又被稱為反木桶理論或斜木桶理論，是奠基於農業領域的李比希定律，由強調補短板重要性的木桶原理滋養而成。雖說是由木桶原理延伸而來，但長板效應是一種與原本理論站在相反的立足點上，強調提高優勢、以優勢換取更多機會的理論。

　　木桶原理指的是一個沿口不平整的木桶，可以裝入的水量取決於最短的那塊木板，因此想要讓木桶的容量發揮最大效益，不是去增加最長木板的長度，而是要想辦法補強最短的那塊木板，因此木桶原理也稱為短板效應。

　　而我們從木桶原理換個角度思考，將木桶傾斜，甚至將兩個傾斜的木桶對接，就成為了長板效應的論述範本。此時，長板決定盛水量的多寡。只要不斷加長長板，適度補強短板，就能大幅增加盛水量，這就是長板效應。

　　如果用中國傳統的成語簡短地去解釋長板效應，「揚長避短」

一定是最符合這項原理的概念，發揚個人的長處、避免以短處去與他人競爭，藉此完成最有效率的競爭模式。與其追求每一個項目或特質都發展到極致卻做不到，不如放棄幾樣相對困難的部分，將精力放在更有優勢的項目上。

戰國時期，齊國有個名叫田忌的官員，他在賽馬時總是輸給其他公子們，後來田忌與齊威王賽馬時，當時在田忌門下擔任門客的孫臏便出謀劃策，給了田忌一個建議：以下等馬對齊威王的上等馬，以上等馬對齊威王的中等馬，以中等馬對齊威王的下等馬。田忌按照孫臏所獻的計策安排出場順序，於是一開始在下等馬對上等馬時輸了比賽，但後面對上中等馬與下等馬時卻是輕鬆獲勝，贏得了比賽，可說是長板效應最經典的例子，孫臏並沒有對各種程度的馬加強訓練，而是選擇用田忌更有優勢的項目去與齊威王的弱勢項目做比較，用己方的優勢項目去攻擊對方相對較弱的部分，達到贏得競爭的效果。

許多人心中最理想、最渴望達到的狀態，就是無論在哪個領域上都能有強大的能力與勝過多數人的力量，在每一個地方都能有著對他人的絕對壓制力，但這幾乎是一件不可能的事情，人有優勢就必然會有劣勢，沒有人是十全十美，就算在多項領域中都有令人羨慕的傲人成就，還是難免會有一兩樣不擅長甚至是棘手的事情，但當人們在自己擅長的領域中盡善盡美、做到極致，就能得到他應有的榮譽。

長板效應
Strengths-Based Development

不會有人關注賣油翁是否「不學無術」,大家只會看到他在自己的專業中熟能生巧,有著倒油不沾瓶口的高超技巧;留下無數好詩的詩仙李白,不會有人去關注他是否長袖善舞、交友無數,而是讚嘆他浪漫的性格與優異的文采,讓人們在閱讀這些文字的同時彷彿身臨其境,體驗了一把李白當時親眼看見的壯闊山河,以及他所經歷的各種悲喜哀怒。

沒有人能做到十全十美,每一樣都想發展到極致的人容易顧此失彼,最後什麼都沒把握住,從此流於平庸──每一樣能力都會一點,但每一樣能力都沒有足夠地發展,無法成為任何一個領域的專家。只有少數受老天眷顧的天之驕子,才會同時在許多領域中展現出驚人的天賦,但與其幻想自己是屬於這類多線發展的天才型人物,不如好好認清現實,在一個領域裡努力打拚,直到做出一番成績之後,再來思考多線發展的可能性。

只要短板不致命,就該盡力發揮個人專長,讓強項成為個人名片。找工作時,在特定方向有著漂亮履歷的人,會比什麼都塞進履歷裡、什麼都只會一點點的人更受企業青睞,因為在固定方向一直努力深耕、培養專精技能的社會新鮮人,會比亂槍打鳥、心猿意馬且搖擺不定的人看起來更加專業,他們所有的學經歷都證明了他們過去多年的努力,因為傾注了全部的熱情與時間,所以能夠成就專家的形象。

像無頭蒼蠅般到處摸索的人,就像是沒有被妥善對待的原石,

左邊磨一下、右邊磨一下的打磨方式，不可能打造出形狀完美、光澤耀眼的稀世珍寶。相比之下，在一個方向上努力讓自己成為專家的人，更像是經過有條理地打磨、散發出耀眼光芒的精緻寶石，對於收藏家來說，與其花大錢挖掘不知道是否具有價值的原石，再花大錢找來專業的玉匠進行打磨，不如直接找到一顆閃閃發亮的寶石，跟賣家談妥價格後花錢購買。在多個領域中進行大量的分散式培養，期待未來會有「伯樂」發掘出自己潛在的能力，不如選定一個或極少數的領域，將所有時間和心力都投資進去，讓自己成為一顆耀眼的寶石，才能獲得更多的機會。

只有在自己已經成為了專家、散發出足夠耀眼的光芒時，才有在自己的場域中與他人談條件的資本；癡癡等待伯樂的到來，或者相信自己是多領域天才而分散資源的人，永遠無法累積足夠的力量去成就專業，只能被動地等待，從優秀者看不上的剩餘職位中找尋機會。

每個人的時間與精力都是有限的，將這些無形資源花費在哪裡，就會成就那方面的能力。

要在某個領域裡成為超越他人、專精的代表性人物，就要將資源全部投注在上面，當在特定領域中累積夠多的資歷與能力時，成就就會開始如同滾雪球般，在過去耗費的資源基礎上越滾越大。此後，這些「投資」所帶來的回報會越來越可觀，變成人人欽羨的掌聲與鮮花。

長板效應
Strengths-Based Development

What & Why

2

長板效應、木桶原理，互相矛盾嗎？

★★★

⭐ 長板效應與木桶原理的拉鋸戰

　　木桶原理與長板效應的使用方向一直是沒有個定論，有一些人認為應該偏向保守，將不擅長的部分填補起來，避免短板在日後成為引發問題的主因，破壞了好不容易發展起來的大好形勢；有另一派人認為應該要盡力發展長板，比起每個領域都沾一點邊，不如用畢生心血、投入所有資源致力發展優勢，用最擅長的事物、最出眾的商品在大環境中殺出一條血路。

　　兩種觀點都有各自的支持者，因為這兩個理論都有足夠支持其論點的實際例子，直接否定掉任何一邊都顯得過於武斷，所以在兩方都有理，兩方也都能被對方的例子推翻的情況下，兩個理論的正確

性就成了雙方爭論不休的重點，形成一個維持了很久的拉鋸戰。

⭐ 系統 VS 個體

　　在兩方都有大量文章去證明、各種兩極化的觀點在網路上大量流傳時，一個統合兩方理論的說法開始悄然出現，為在局外觀戰、等待正確答案的人們開啟了新觀點，同時也為長板與短板的信奉者帶來了更多的可能性，解釋了兩種理論之所以都正確的原因：木桶原理適用於系統，而長板效應則更適用於個體。

　　舉例來說，人體的健康維持就需要用木桶原理，只要生病或受傷，就需要透過醫療手段去處理，將有問題的地方「修補」完成，維持整個人體系統的完好。在人體內，紅血球的攜氧能力不能被白血球替代，所以如果紅血球出現了畸形，就算白血球的免疫能力再好，都無法讓人體這個系統維持正常運作。所以需要以醫療手段介入，如果這個短板無法被治療，就會使人體系統慢慢進入崩壞狀態，「木桶」也就裝不了任何水了。電腦這類的電子設備也是一種系統，一台電腦的組成包含硬碟、CPU、顯示卡、散熱器、電源供應設備等，一台電腦就像是一個木桶，如果散熱器故障，電腦在使用時就會累積大量熱能，容易造成機體短路或死機，無法使用；如果是硬碟故障，造成無法存檔之類的問題，電腦就有可能莫名地格式化、刪掉重要的檔案，或者造成資料無法開啟，導致後續其他問

題出現。

　　這些由許多單一個體和零件、部位所組成的大型系統需要參考木桶原理，而處在這些系統之下的組成單位，則需要盡可能地維持自己的主要功能，才能有效地讓整體處於穩定的狀態。同樣舉人體為例，心臟不需要消化、不需要包覆在外保護所有器官的安全，但心臟必須要有足夠的收縮能力，幫助血液在整個身體裡流動，運送氧氣與養分；胃不需要協助氧氣的傳送，只要好好地消化食物、分解蛋白質，就可以維持整個身體的機能運作。每一個器官都不需要會其他器官份內的工作，只要完成單一的任務就可以確保生命的存活。

　　企業與各式各樣的組織就像是一台電腦、人體，也是由很多單一的個體所組成，所以需要注意到短板的狀態，確保每個單位、每個人都各自發揮自己的能力，才能確保沒有任何一個位置成了短板，而成為影響系統運作的罪魁禍首。這些由人所組成的群體，每位身在群體內的個人都要盡己所能地發揮專長，才能確保自己責任範圍內的任務是正常完成的，以此維持系統的穩定。

　　這樣的解釋不但同時證明了兩種論點的正確性，還簡單地解釋了他們應該使用的時機與狀況，新的說法使更多人加入討論，集思廣益後越來越多延伸的說法開始出現，如同雨後春筍一般。

　　接下來我們就來討論在不同的領域、時機中，要如何應用這兩種理論。

What & Why 3

攻防差異與使用時機

★ ★ ★

⭐ 攻擊與防守的思維差異

兩種原理的思維差異,簡單來說就是「木桶原理」是策略型思維,目光向內;而「長板效應」是戰略型思維,目光向外。

木桶原理重視的是弱點帶來的破壞力,相比起對優勢的討論與關注,木桶原理更加在意劣勢會帶來什麼樣的後果,因為擔心弱點會成為致命的缺口,有朝一日會被有心者加以利用,或者在疏忽下逐漸變得嚴重,威脅到整體的和諧與穩定,因此將目光聚焦於問題之上,強調查缺補漏的重要性,這是一種防禦性的思維模式,是為了防止即將到來的危機與攻擊,事先對軟肋進行補強和保護的做法,這些補強的行為相當於「盾」,是用來保護一個人或團體免於受到傷害的護衛工具。

與木桶原理相反,長板效應更像是「槍」,是一種以攻代守、主動向敵方或競爭者展開攻擊的應對策略。長板效應重視的是優勢

長板效應
Strengths-Based Development

的發展，強調以出色的優點去增強競爭力，這項被視為主要競爭力的長處就像是一柄被磨得鋒利的長劍，是一種可以主動向他人展開攻勢的武器。

短板會影響群體的效能，為群體帶來限制和破壞，所以確保短板維持在可接受、不造成破壞的範圍內，是一種自我保護的做法；長板是讓一個人或一個群體能在市場上進行競爭的籌碼，沒有這樣的籌碼，就沒有和他人競爭下去的資本。

紅海用木桶，藍海用長板

有一本經濟學相關的書籍叫做《藍海策略》，裡面提及了兩種不同的市場狀態，分別是紅海市場與藍海市場，紅海代表市場發展到了一定程度，企業間的競爭以價格差異為主，許多商家都進入了壓低成本、爭取提高銷售量以達到吸引客流量的市場競爭階段，此時同類市場的大餅已經被大量的商家所瓜分，每個人都難以取得遠高於他人的更佳獲益；而正在待開發階段、還有很多機會的藍海市場，此市場階段中的競爭者非常少，有的產業甚至尚未開發，擁有數不盡的資源和機會能夠供新領域探索者盡情挖掘，是新興市場通常會呈現的市場型態。

那麼這兩種市場型態與木桶原理和長板效應有何關係呢？

一般來說，面對不同的市場型態時，應該要有不同的應對方

式，紅、藍海市場兩種市場型態也在這樣的範圍之內。紅海市場由於發展趨於成熟，許多早期就在市場中拚搏的先期開墾者，還有看到別人獲利就想複製成功經驗的人充斥在其中，於是造成了市場飽和度過高、競爭激烈，但發展已久的市場會有固定的規則，企業的經營手段也會變得高度統一，因為已培養了固定的客群，消費者們也會更習慣固有的銷售手法和產品樣貌。

相較於挖掘出企業的新優勢、發展強項去爭取資源，紅海市場更適合「守成」，將弱項填補起來，以防守的姿態去面對競爭。因為不管如何提高優勢，一個舊有市場中的競爭者差距都不會太大，畢竟一個產業發展到極致，能夠生存下來的企業在一定程度上已經發展完全，很難再打破平衡，找出有利於在相關產業中生存的新優勢了。但在紅海市場中，最怕的就是被人抓住弱點，針對性地進行攻擊，一旦因為疏忽而將把柄送到競爭對手手上，被對手們痛擊弱點，就有可能會被一舉擊破，讓過去建立起來的豐功偉業付之一炬。

為了不將弱項展現在競爭對手面前，補強短板就是一件必須放在第一位的經營方針。就像有著百年基業的國家，統治者若是想守住先祖打下的基業，最應該做的事情是清除國內存在的各種弊病、廢除無用或過於嚴苛的刑律與加強邊防以增強國力等，而不是毫無意義的勞民傷財，隨著個人喜好隨意更改律法、試圖改變人民的生活型態等。守成者最需要重視的一點就是「穩定」，而補強短板的

長板效應
Strengths-Based Development

目的也是為了排除會對穩定帶來威脅的各種要素。

與紅海市場相反，在藍海市場中探索的人與企業相當於是蠻荒之地的拓荒者，對他們來說，改變舊有的沉寂狀態需要的正好就是帶有破壞力的創新精神，因為藍海市場就是一片尚未被踏足的荒地，只有抱著破壞舊有認知與想法的創意，以及不畏前路未知的冒險犯難精神，才能夠在全新的領域中開創新的未來。這就像是一個國家建立的初始階段，各地在經過無數次的戰爭與災禍後，呈現出一種百廢待興的荒涼樣貌，此時最適合發展國家境內各個地區的優勢（如：可種植的作物、當地傳統的手藝等），好好扶植這些優勢，藉此達到從荒廢中復甦的效果。

對於代表著新興產業的藍海市場來說，東缺西漏的狀況是最大的問題，要將短板填補起來是一種缺乏建設性的做法，因為不管哪裡都是缺漏，所以不如從一盤散沙的狀況中找出明顯可以依靠的優勢，利用這個長板去經營、取得更多資源，再逐步地將資源用在填補缺口上，完成初級的建設與後期的強化。長板在藍海市場裡，就像是英雄故事裡陪伴著主角孤身打天下的重要武器，一個好的武器，可以讓主角更有底氣地去面對各種危險與挑戰，並在克服了各種危難後獲得更多「武器」，去面對更多、更難的困境。

除了因資源有限而優先培養少數的優勢之外，藍海市場因為是新的領域，所以具有未知與不成熟的特性，這種特性帶來的就是缺乏規則與靈活度高的兩種附帶要素，因為沒有最優的發展方式可供

參考，所以利用自己的優勢增加發展的速度，在其他人進入市場前用最快的速度優先搶下一塊版圖，是為未來的領先地位打下基礎最好的做法。

比起溫吞地一邊發展、一邊填補短板，不如先利用現有的優勢去攻城掠地，等到確立了藍海市場的霸主地位後再將缺口慢慢補起，反正此時「帝國」已經成功建立，就算短板還沒全部處理完畢，其他還在前期建設階段的企業也沒有餘力能分心出來攻擊他人的弱點，等到這些後來者終於完成了初期建設，能夠騰出手攻擊其他企業的劣勢時，優先建設完成的企業早就過了滿是弱點的時期，成為了一塊固若金湯的大鐵板。

🌟 初期重長板，後期補短板

因此，補短板要看自身的發展階段。創業或開拓新市場時，是最該重視長板的時間點，利用自身優勢，不斷放大長處，比如憑藉關鍵技術占領風口，通過人脈資源獲取早期用戶……。之後再在擴張中及時引入合適的管理人員，建立良好的公司管理架構和機制，而不是花太多精力去補短板。

因為馬太效應富者越富與強者越強的優勢效應在AI時代更強大地存在著，所以初期就過於保守、不敢應用優勢展現出攻擊力的人，就會因為這種保守而減緩資源獲取的速度，無法取得與用優勢

長板效應
Strengths-Based Development

全力開發新領域的人一樣的資源與地位。

當別人貪婪地將在新版圖中找到的資源收入囊中時，過於保守的人能獲取的東西就會變得越來越少，過早地開始防守，最後就會什麼都爭取不到。初期與他人的微小差距，未來會以數倍的程度拉開距離，別人獲得的資源多，能挑選的合作對象、能選擇的經營方式就會更多元，等到獲得足夠多的金錢與人脈時，補足劣勢就會變得簡單；初期就大量投入資源到填補短板上，能進行投資、開闢疆土的資源就會大量減少，能選擇的發展管道與合作者就會產生侷限，次等的資源只能得到次等的收益。

最後，放棄先發優勢的人就會陷入一種優勢沒發展起來、劣勢未填補的尷尬局面，此時就算要回頭去加強優勢、利用優勢去取得資源，已來不及了，一來資源已經被瓜分得差不多了，二來放棄消耗大量資源填補劣勢容易讓其他方向逐漸緩和下來的企業找到可攻擊的弱點，因而陷入一種主動進攻也不是、繼續防守也不是的狀況，這種「先天不良，後天失調」的企業很難在一個領域中站穩腳跟。

所以，在一個新的競爭狀態中，發展企業優勢項目會比填補、改善弱點來得更加重要。

★ 長板效應對就業的影響

另一個需要利用優勢主動表現攻勢，將自己的賣點展示於人前

的時刻，就是處於高強度競爭的就業市場中。

在就業市場上，各種工作職位分門別類，每一個崗位所需技能非常明確，提供機會的公司與企業對於希望招聘的對象都有一個明確的範圍和樣貌，例如：航空公司招收空姐，會需要語言能力，還需要基本的身高、外貌等先天條件符合規定；餐廳聘雇大廚，會希望廚師具備一個人準備一桌料理的能力。

假設今天有一群同樣都能流利地與外國人溝通、長相端正且身材條件出眾的應徵者參與了空姐職位的競爭，那麼這時影響到最後結果的，絕對不會是是否擅長程式設計、是否擅長環境評估等能力，而是在這群擅長外語的面試者中挑選出能夠更輕鬆地面對各國旅客，或者擅長的語言種類更多的人選，只有在這些能力相等的情況之下，再用身材與顏值等第二篩選條件去分出高下。

如果是餐廳招聘大廚，那麼看中的不會是廚師是否能解出一道數學難題，或者廚師是否能有效理解一位作家的文章所闡述的內容為何，比起這些，義大利餐廳會希望招聘擅長烹調義大利料理的廚師、川菜館會希望招聘到擅長川渝料理的主廚。有些廚師什麼菜系都了解一點，但沒有特別擅長的料理，他們在就業市場上會比對特色菜瞭若指掌的廚師吃虧一些。在韓式料理店應徵時，韓式料理專家被錄取的機率遠高於什麼都會一些的通才；在日式料理店應徵時，能夠熬出一鍋香濃豚骨湯的主廚錄取的機會會比對日式料理只有粗淺理解的人更高一些。

長板效應
Strengths-Based Development

　　就業市場上，招聘公司需求什麼能力，就絕不會接受由其他無關的能力去填補不足之處，有些企業招人可能會提一個以上的要求，但對這些條件以外的部分就不會多做著墨。就算是擅長無數種領域、有著許多種跨界能力的通才型人才，如果在履歷上寫出所有擅長的項目，也有可能被懶得看完全部的人資直接刷掉，而不是將沒有重點、滿滿的個人自傳全部看完，然後因為「佩服」就考慮錄用，讓對方加入需要特定技能的工作團隊。這些招募新人的公司不是為了做慈善才開出職缺的，他們是為了得到在專業領域中有著絕對優勢、比起其他求職者更符合需求的優秀人才。

　　在職業生涯發展中，最好的能力策略是：「一專多能零缺陷」，「一專」指讓自己有一項非常非常強的專長；「多能」指有可能的話多儲備幾項能力以便搭配使用；「零缺陷」則指通過自身努力和對外合作，讓自己的弱勢變得及格即可。

　　當然，想成為在哪一行都吃得開的多才型人物也不是不行，但如果沒有把握在至少一個以上的領域中取得絕對的領先，那還不如將時間與精力集中起來回到自己相對擅長的幾個項目上面，先把可以拿來在大環境中競爭的條件經營好，再來培養其他做為陪襯或額外加分用的能力。

What & Why 4
坐在哪個位置，決定你用長板或短板

★ ★ ★

除了用紅海市場與藍海市場的方式去判斷一家企業何時應該使用長板策略之外，不同的企業分工、不同位置與企業的不同狀態都會影響到公司對於優勢與劣勢的看法。

📍 企業的組成與長短板的應用

在一家公司裡，從基層職員到公司老闆、企業主，每個位置都有各自的工作內容，有的人只需要完成自己被分配到的工作，為自己負責；有的人需要了解自己部門中所有成員的個性，做適當的作業分配；有的人則是需要對公司的所有人事管理、資源調動等大小事都完整了解，進行良好的管理與分配，為所有公司中的成員負責。

因為各種不同大小、層級的工作職位所具有的差異性，所以每個人會倚重的技能和專才，甚至在同樣的位置上，也有可能會因為企業的發展階段不同而有不同的需求。

長板效應
Strengths-Based Development

⭐ 基層人員與群體內的每個個體

每個人在求職階段都需要依靠長板效應去爭取機會，這是因為個人的專長和優勢是一種擺在檯面上的籌碼，將自己的強項展現在求才者們面前，讓他們去評估、了解面前的這個人是否是公司所需要的人才，如果符合需求，就提供一份工作機會以及與對方能力相符的薪水，去換取對方的能力與勞動；如果不符合需求，就要繼續尋找，直到找到符合公司所需的人力為止。

既然當初就是靠著這份「籌碼」換到的工作機會與薪酬，說明這樣的優勢正是公司所需要的，那麼將你自己的長板發揮到極致，就是這家公司希望看到的狀況。所以要在一個職位上做得長久、爭取到更多機會與更豐厚的薪資，最好的做法就是要全力發揮個人長板的優勢能力，盡可能做到個人能達成的最佳狀態。也就是說，企業中的每一個人都必須重視自己身上的優勢，在用優勢完成主管所指定的任務同時，努力突破個人優勢原先的上限，將優勢能帶來的效益更進一步地提升，或者開始發展、提高有利於輔助第一優勢或者本來就表現得不錯的其他能力，靠著培養起來的各種優勢間的靈活配合，讓工作效率能因此而提升一個檔次，型塑出個人與團隊的綜效（Synergy）。

對於基層人員和公司中的最小單位的每個人來說，確保「長板」的長度足夠長，或者增加一塊能與原本就存在的長板相輔相

成的「板子」，才能確保自己的優勢一直存在著、不會被他人輕易地取代。遠超他人的優越性和不能隨意被取代的獨特性，是你的底氣，沒有可以跟別人談條件的強項，升職加薪就是只能存在白日夢裡的遙遠夢想。

⭐ 中階、中高階管理者與他們的團隊管理

在基層人員與高層管理者之間，還有負責管理小型團隊與不同部門的中高階以下管理者，他們的特徵是：開始管理少數的幾個成員、有特定的職權內容（財務單位的管理者需要為公司的財務負責、公司的產品管理要為公司的庫存負責等），這些人要扛起自己的團隊和部門，讓團隊裡的成員們或部門間能夠維持正常運作；與其他部門或團隊間達成業務同步，不因為錯誤過多或缺乏效率等原因，拖累其他部門的工作進度；並且正確傳遞上級主管們所規劃的目標與現階段的發展步調，讓所有人能了解自己應該要做些什麼，並跟上整體的發展進度。

因此，當你多了管理者的身分，就表示你要負責的對象不再只有自己，此時工作分配、成員間的配合模式都要由這些人去安排，因此，還要能夠洞察所有團隊成員們的「長板」與「短板」，還要具有以整體宏觀的角度對團隊進行觀察、找出團隊弱項的能力。簡單來說，若是進階到管理職階段，只了解自己和團隊有什麼優勢、

長板效應
Strengths-Based Development

用優勢去增加團隊的重要性已經不夠，你還需要了解整個團隊的短板是什麼，並做適當調配。

唐僧不會打怪，做事優柔寡斷，卻是個優秀的創業者，因為他透過收徒弟，也就是找合夥人的方式補自己短板，最後形成一個CEO＋四名合夥人的團隊，而且有對賭：四個徒弟只有保護他取完經，才能解掉緊箍咒。

在這個情況下，唐僧用孫悟空去打怪，用沙僧當和事佬，用豬八戒活躍氣氛，讓白龍馬在困難時候出力。師徒五人把各自的優勢發揮到了極致，強強聯合、組團作戰，終於走到西天取得真經。

因此，創始人必須了解自己和整個團隊的短板是什麼，同時，還要積極了解短板的相關專業知識。不能說這個我不懂，就不管了。你必須懂，但不一定要精通，這樣你招聘來的人才會從心裡認同你，否則招人就變成了碰運氣。

團隊領導人要先觀察全體、分析出自己所管理的群體目前缺乏的項目是什麼，如果缺乏擅長對外溝通的人員，就向人資部門提出要求，請人資在招聘時多觀察一下，找尋口齒清晰、說話有條理的求職者，從中挑選最優者；如果缺少擅長多國語言的翻譯，就盡量尋找符合目標的應聘者，拉進團隊中去填補缺漏。

對於這些管理者來說，每一項被滿足的優勢都相當於是一塊長度足夠的木板，他們必須要知道這些優勢可以帶來哪些結果，同時也要知道沒有被滿足、目前正處在匱乏狀態的劣勢有哪些，會造

成什麼樣的問題。例如：一家公司的文書管理部門中有許多幹練且細心的成員，但這個部門同時缺乏了先進的文書處理系統與擅長使用程式處理文書的人員，此時，管理者們必須要意識到這些細心的基層人員能帶來的優勢是超低的錯誤率，同時也要明白缺少先進的文書處理系統與操作人員，就必須要犧牲整體的工作效率。這麼一來，就算部門每次提交給其他單位的檔案都完美完成、少有出錯，但同樣的時間內能夠完成的作業數量卻遠不如其他部門或其他企業的文書管理部門，那麼這個部門的工作狀態一樣不如人意，長久下來就會為其他部門帶來一定的困擾。

這就是中階與中高階管理者的視角，他們必須要盡力去平衡長板與短板之間的關係，光是看著優勢項目對他們來說是不夠的，還要適時發現問題，將短板修補起來。

⭐ 高階管理者與企業領導者的大局觀

企業最頂層的管理者們，以及領導整個企業走向的領導者或創始人們因為身處高位，目光所及之處不再像是中階管理者們一般，只停留在自己面前的一畝三分地上，他們需要為公司所有人負責，從基層員工、各階層下屬到投資的股東們，所有員工都會受到領導者們的決策所影響，一個錯誤的決定，帶來的可能就是讓所有人蒙受損失的結果。

長板效應
Strengths-Based Development

對這個層級的人們來說，他們會重視長板，但重視的不是自己所具有的優勢能力，而是「公司的優勢項目」，公司的特色與專長，會決定公司的未來走向；他們會重視短板，但比起中階管理者來說，與其去平衡長板與短板間的狀態，不如將短板維持在不影響整體運作的最低底限上，走一步看一步，直到有需要再去做改善。

也就是說，到了領導者階段，對長板的經營與規劃又會開始變得重要起來，主要決策者們會像基層人員一樣重視優勢，將它做為決策的參考對象和主要指標；他們也會重視短板，但比起將短板直接處理掉，有一部分的領導者所表現出來的重視更像是一種監控，他們密切注意著這些問題的發展狀況，只在問題嚴重到足以威脅整體的經營時才出手調整，不過處理的強度也就停留在「調整」上而已，不會直接進行大規模的更動。

因為有的問題一次大刀闊斧地處理掉，就必須要耗費無數的資源才能完全解決，另外，很多問題和特性都是一體兩面的，看似無用的部分，也許會在未來成為意想不到的轉機，救一家受到時勢所影響的公司於水火之中，因此，如果弱點在短期內不會對整間企業帶來致命的衝擊，有些領導者或許會選擇放任的方式，將這個像是樂透一樣會帶來未知結果的「劣勢」暫時留下，直到彩券開獎的那一天，再來觀察這張券的好壞，再決定是否要將這個弱點處理掉。

領導者、創始人這類站在高位的人比起普通職員來說更需要從細節中跳脫出來，不能光是揪著無關緊要的小細節去調整，他們

更需要習慣以企業整體的角度去分析優劣,「自己」擅長什麼這種對企業來說相當微小的部分沒辦法為他們提供有效的訊息,只會讓目光變得狹隘,看不到整體運作的現況,容易因為過度糾結於某一點而忽視了其他更大的問題。對公司的主要決策者們來說,哪裡最強、哪方面最弱必須要了然於心,從私人角度看優缺點的做事方式只能改變自己的狀態,無法有效地管理團體。要做個人管理就要了解個體的優、劣勢,要管理群體自然就是要從一個群體所具有的性質上出發,才能真正地將一個團體控制在自己想要的狀態。

雖然對領導者來說,長板會慢慢地變成主要的發展和經營主力,但如果今天是團隊雛型尚未建立、什麼都缺乏的草創時期,短板的重要性會短暫地超過長板,成為主要的關注焦點,因為無論是個人的短板,還是現有成員與團隊發展間的劣勢,對團隊創立者來說都是很重要的,創立者本身的弱點,會決定他接下來要找什麼樣的合作對象與副手,現有成員所具有的能力,也會影響要邀請什麼樣的人加入,去補齊無人擅長的部分。

舉例來說,一群畢業於電腦相關科系的應屆畢業生在畢業後決定創業,他們想要開一家專門設計RPG類型單機遊戲的遊戲公司,因為這群畢業生的專長都與軟體設計有關,所以電腦就是他們的長板。此時,團隊創立者要能夠及時發現自己的公司缺少擅長說服他人、輕鬆拉到投資者的行銷專業人才,也缺少擅長財務管理、能夠把每一分錢使用在刀口上的財務人才,所以,這些與商科相關的

長板效應
Strengths-Based Development

業務就是這家遊戲公司的短板，創立者與他的初始夥伴們要能夠及時找到擅長財務管理與行銷的人；遊戲公司的成員都是理科生，或許他們也不擅長構建一個遊戲的核心故事，因此會讓遊戲缺乏故事性，讓遊戲容易變得無聊、沒有吸引力，所以他們可能還需要找到擅長故事建構、想像力豐富的編劇類專長者，協助完成故事與世界觀的設計。

公司創立者要先完整地分析公司目前缺什麼、要補什麼，針對劣勢找來的合作者在此時就是為了填補起不足而來，是這群元老們為了要將這個「木桶」打造成他們心中應有的樣貌而找來的長木板。等到企業或團隊終於有了簡單但完整的狀態時，就能開始用這個團隊最大的優勢去開疆拓土，進行第一次的版圖擴張。

除了針對公司的需求去找尋團隊的基礎成員之外，草創團隊的領導人可能也會有擅長領導但不擅長人員配置、擅長規劃公司發展但不擅長與公司成員互動等個人能力缺失的問題，但身為一個忙碌的領導者，不可能樣樣都學得專精，這種做法既耗時又費力，還可能達不到想要的效果。

因此，最有效率的做法是從現有成員中挑選，或從外界找尋能與主要領導者的劣勢互補的可信人員，做為總領導人的副手去協助完成領導人沒辦法處理的重要業務。

所以當你決定創業時，你要非常清楚自己的「短板」是什麼，然後要找到對的創業團隊成員，來補上自己的「短板」。在創業初

期，你要找的團隊成員，必須是「三個互補，一個共同」的人。三個互補指的是：

1. 專業能夠和你互補
2. 帶來的資源能夠和你的互補
3. 個性能夠和你互補

「一個共同」則指要有共同的價值觀。

但與此同時，領導人不擅長的業務雖然可以委託給自己信賴的人去處理，但也不能放任自己一點都不懂，而是必須要有一定程度的能力，這種能力不需要到專精的程度，但至少要在相關負責人提出提案、報告目前進度時能夠聽懂，能夠分析其中的好壞。也就是說，領導者的個人短板不需要提高到長板的程度，但要能做到基本的了解。如果在輔助者們提出意見時領導者卻聽不懂、需要下屬們像是教育外行一樣用簡化版的語言去指導領導者，那麼待時間一長，副手們心裡必然會產生一些想法，無論是開始對上司的能力產生質疑，還是因為暴增的工作量而有所不滿，都會威脅到領導者的地位，而影響到公司的穩定度。

創始者個人的長、短板在創業初期的階段還是有一定的重要性的，但隨著時間的拉長，企業的組成會逐漸變得穩定，後續不管是領導者與副手建立了合作無間的默契，還是領導者在個人的努力下終於將短板成功填起、不再有顯而易見的短板，此時企業領導人的個人短板就不再顯得重要，因為解決弱點的方法有很多，對企業

來說，只要主要管理層能夠讓公司在他們的管理下維持在穩定的狀態，任何一個單一的個人有什麼樣的能力都不比整體的狀態來得重要。

長板效應或木桶原理的使用，其實在管理學的領域中並沒有絕對正確的答案，在不同的情境、不同的發展階段或不同的崗位上，做法就會有所不同，就算這兩個理論看起來截然不同，但在某些狀況下，兩者是可以同時使用的。理論是死的，人是活的，不要被死板的理論所限制，熟悉這兩個概念的人就會知道，適當的交替運用，才能真正地讓公司穩定經營，進一步地發展成優秀的企業。

What & Why 5
長板效應對個人的影響

★ ★ ★

⭐ 全面發展式教育體制的問題

在過去的社會中,全面發展是教育領域與個人能力培養的主要目標,這種要求學生什麼都要做到好、什麼能力都要擁有的狀態,就是一種木桶原理式的教育方式。許多人在國小時期也許都聽過「德、智、體、群、美」這樣的全才教育目標,到了中學時期,雖然學校已經開始減少口號的呼喊,不再頒發五育優良之類的獎項給學生,但學校、家長乃至於社會對學生全面發展、每個領域都做到最好的期許卻是貫徹始終,只不過變成以其他的方式呈現,但帶給學生們的壓力卻從未改變,甚至更加嚴重。

被要求全面發展的學生們不能偏科,只要有一、兩個科目稍微不擅長,就算在個別幾科中表現得特別突出、超出常人也會被全部科目都擅長的人比下去,在段考、學測這類看重全科的競爭中,優勢學科不論再突出都沒有意義,因為總是有全部科目的成績、能

力都很平均的競爭對手，在成績的加總下總是能追上在特定領域中有著突出表現的學生，讓在特定科目有著高度天分的學生因而被埋沒，因為成績單上的名次被弱項科目拖累，而讓他們看起來能力一般甚至不如其他人，個別少數的老師也會因此不願意將更多時間、機會投資在這些學生身上。在這種制度和社會觀念下，能夠脫穎而出，得到最多資源和關注的，只有那些全部科目都領先的優等生，他們幾乎霸佔著學校、老師所提供的所有資源，不管是哪個領域的比賽機會，像是語文競賽、數學競賽等，老師可能都會下意識地優先提供給各科成績都突出且優秀的學生，偏科型學生則是要等這些全面發展的學生挑選完畢後，才有機會從剩下的選項中做出選擇，去爭取自己需要的資源。

木桶原理講求全面發展，應用在教育上時，對於偏科明顯的學生而言，往往成為一種壓抑天性的做法。這些學生希望專注於個人的專長與興趣，卻被要求必須補強自己不擅長的領域。即使他們不願意將時間投入在感到困難的科目上，老師與家長仍會透過各種勸導與責罰，強迫他們面對自身缺乏天賦的部分，直到劣勢被改善為止。因為被迫去補救短板，加上放著不擅長的科目去發展優勢就必須面對難看的名次與成績單所帶來的更多壓力，所以他們必須咬牙苦撐，把大部分時間放在增強短板的狀態上，將自己的名次維持在家長們能夠忍受的位置上，以此減少來自外界的責難與嘲笑。但在這個過程中，優勢的發展空間會大受影響，原本能夠用來強化個人

專長的時間和精力被分走，用來維持短板能力，讓強項因此而無法培養到原先有機會達到的高度。

　　每個人都會有特別出色的個人天賦，大多數人也會有與之相對的個人能力短板，如南唐的李後主李煜，他是個在文學與藝術等方面都有著極高天賦的藝術家，在書法、繪畫與詞賦等方面都有著豐富的作品，他對生活有著很高的感受能力，在富貴時能夠細心體會享樂時的歡愉，在後期經歷亡國之痛、受人軟禁的生活時，也能以詞賦書寫內心的悲苦與淒涼。與為賦新辭強說愁的作家們不同，他的詞至誠至真，快樂時能寫下《菩薩蠻》這樣帶著唯美與浪漫色彩的詞句，讓人一看就知道創作者當下的期待與快樂；傷心時也能創作出《虞美人》這樣充滿悲愴與悽苦作品，讓人一看就知道他所經歷的痛楚和蒼涼有多麼難以忍受。這麼一位被人譽為「千古詞帝」的優秀藝術家，卻有著相當致命的弱點──他不擅政事、不懂得如何治國。

　　做為一個藝術家，李後主無疑是成功且出色的，但做為一個統治者、一個國家的領導人，他卻是一個極其失敗的千古罪人。李煜用自己的一生證明，沒有人能在每個領域都取得成功，有優點必然有缺點，比起將個人劣勢提升到與優勢等同的高度，不如找到一個能讓自己如魚得水的領域，在這個領域中成就個人的終生價值。

　　許多老師與家長們都是用「木桶原理」來要求學生做到每個科目都均衡發展，要努力提升表現最差的科目，他們不會因為學生的

長板效應
Strengths-Based
Development

單一科目次次拿滿分而感到驕傲並適時稱讚，而是會將目光投向表現得最差的部分，質問孩子為何無法好好學習，恨不得孩子成為全科滿分的資優生。這種價值觀在無形中影響孩子對自己的看法，認為某一科無法表現得像其他人一樣優秀，似乎就會變成無法翻身的失敗者，沒辦法讓自己變成全才型的優秀人物，這世界上就沒有自己的位置，只能成為無所事事的米蟲。

然而當我們進入大學、踏入社會後，才會發現完全這個世界並非如我們所想的那般不友善，一個人只要在一生中努力經營，只要能夠堅持把一件事情做好就夠了，只要能好好運用自己與生俱來的天賦，就能在這個世界上找到屬於自己的一方天地，讓這一輩子不至於白來一趟。

★ 一個人的價值來源

其實社會對每一個人的要求並不嚴苛，所有人盯著、看著、用來評價一個人的標準，絕對都是最高分的優勢項目，而不是所有能力加起來的分數總值。推動科技進步，讓生活變得更加便利的科學家；將社會黑暗面曝於人前，或者用文字溫暖人心的文學家；研究傳染病來源，找出治療方法的病毒學家與醫學家，這些在社會上盡力付出、用自己的天賦創造個人價值的人們，鮮少會有人去討論、去調查他們不擅長的事物，大家只會關注他們所帶來的貢獻、獲得

的成就。當大家吃著白米填飽肚子時，有些人會感念改良作物，使人們得以溫飽的農學家；當人們在夜晚挑燈夜戰，努力地唸書或完成工作時，就會感謝發明電燈，使人們在夜裡也擁有光明的發明家。這些被後人感念的偉大人物與你我沒什麼不同，他們有自己擅長的事物，也許不只有一樣，但同時他們也有完全不懂的領域，而且也不只有一樣。

歷史上的偉人們之所以能被後世之人懷念著，並不是靠著對每個領域都有所理解，通常都是傾其一生在某一個領域中取得突破，或者花一輩子做同樣的事情而帶來的結果，這種突破與付出或許非常渺小，科學家們的發現也許只是宇宙的真理中最無所謂的一小塊，救人無數的戰地醫生、修女們拯救的或許也只是無足輕重的小人物們，但這種在一個領域中拚進全力、無所畏懼且絕不回頭的氣勢，就足以成就他們的偉大。這些在一個領域中留下了一席之地的歷史人物，在自己不擅長的領域上可能甚至不如一個稍微聰明點的孩子們，音樂天才莫札特有著如同災難般的金錢管理能力，留下許多優秀文學作品的李白則是缺乏了待人接物的能力。

要知道，像達文西一樣在許多領域都有很高的天賦、能在各種不同的專業上都留下了不起的成就的人，歷史上幾乎可以說是寥寥無幾，在日常生活中雖然也會看到有人能夠做到「通才」的程度，但他們對於每個領域的掌握程度並不高，很難走到「專才」型人物能達到的人生高度。

長板效應
Strengths-Based Development

⭐ 每個人的時間都是有限的

許多在自己擅長的領域中有高度成就的人有以下幾個特色：
1. 不願意多做打扮，日常的裝扮重覆率高。
2. 生活簡約，在吃、喝、睡或交通等方面不會多花時間煩惱，每日的生活重複而簡單，少有改變。
3. 日常娛樂很少，就算有休閒時間，安排的活動也都與閱讀、思考等能夠使身心靈成長的類型相關。

會有這樣的特徵，是因為時間對於他們而言是個非常珍貴的資源，與其用來煩惱穿什麼、吃什麼這種無所謂的事物，用來在網路遊戲中留下虛假且沒有意義的個人名次，不如省下寶貴的時間，用來學習更多有用的知識，或者為手邊的未完成的構思找出一個有意義的實現辦法。

人的一生有多少時間都是註定好的，現代的全球平均壽命大約在七十～八十歲左右，減去二十歲以前未成年的時間以及六十歲之後體力、健康逐漸衰退的年紀，每個人能夠用來創造個人價值、努力耕耘的時間大概就只有四十年左右，少數像是巴菲特、蒙格之類的人物在九十幾歲的高齡時還能在工作崗位上，盡可能地將這一輩子的價值發揮到最大，但大多數的人並沒有這麼幸運，只能倒數著有限的時間，把沒有意義的事情丟棄，將剩餘的時間全部留給有意義的事情。

補短板對於想要有所成就、為自己的人生留下光榮印記的人們來說就是一件浪費時間的事情，因為時間不管如何節省都不夠用，所以要把有限的時間用來將長處發展到無人能及的地步，把時間浪費在補短板上，是不可能讓一個人在任何一個領域中成功的。當一個人將時間和精力全部集中利用在自己的優勢發展上，就算只在自己的優勢領域表現得比別人稍微優秀一點點，也能慢慢地將優勢擴大，超過越來越多同一個領域的開拓者。

　　只有在自己的專長上努力經營，才會達到想要的成果，在個人的短板中不停地深挖與探索，也許在一百年後可以獲得與優勢項同樣的成就，但如同前面所說，時間的有限性是一件殘酷的事情，並不是每一件事都可以靠著努力就達成目標的。

★ 發展長板才是成就個人的最好選擇

　　持續在強項上的投入到底能創造多大的差異，請看這個有名的實驗研究。在美國一所大學，教授為了研究快速閱讀的方法，找了1000名受試者做了為期三年的研究，首先研究人員先對這1000名受試者做閱讀速度和理解能力的測試，之後將這些人依照成績分成兩組，一般組和優秀組。

　　在接受快速閱讀訓練前，一般組速度為平均每分鐘90個字，優秀組為平均每分鐘350個字，天分的差距在還沒訓練前就已經不

長板效應
Strengths-Based Development

小。

　　在接受快速閱讀訓練後，一般組速度成長到平均每分鐘150個字，將近2倍的速度，但是驚人的來了！優秀組在經過快速閱讀訓練後，增加到平均每分鐘2900個字，足足增加了快10倍的速度。

　　這個實驗結果讓研究人員都很驚訝，因為原本推測一般組在訓練後的成長應該會更明顯，結果沒想到，其實在自己的天賦強項上投入，獲得的回報才是驚人的。

　　所以，每個人擁有的天賦與能力都是這個世界賦予每一個生命最好的祝福，是協助一個人在人生的道路上立身、立足的保障，先天自帶的能力給了每個人一樣的機會，讓所有人都能依賴這個略高於一般人的能力去尋找自己的道路，讓自己能在特定的道路上獲取成功的經驗，如果放棄了天賦，就等於放棄了最有機會走向成功的路徑，去挑選一條滿是荊棘與路障的未知道路。不願將時間精力投入在天賦上，就像發現一支報酬率極高的潛力股，但不願意出錢投資在上面，這樣報酬率再高，你還是什麼都得不到。

　　成功絕對無法靠著補短板取得，加強長板才是打破平庸最有效率的做法，在自己最擅長的專業裡努力不懈，日復一日、年復一年地以最專注的態度去經營，全身心地投入事業中，這一生能達到的成就高度將會變得無法估量。

　　你需要找到長板，並以長板為核心整合出屬於你的優勢，當優勢足夠強大時，你的弱勢會被忽略或容忍，就像蘋果的賈伯斯，雖

然他是出了名的難相處，有許多的負面評價，但這不影響他創造蘋果這間公司及旗下產品，並對世界有著正面影響，畢竟他的弱項還有其他身邊人可以幫他補足，看看接續賈伯斯的庫克，雖然在產品創新不如賈伯斯響亮，但在營運方面將蘋果持續推上高峰。

不管是父母還是老師，都應該了解因材施教、適性教育的重要性，每一個科目的成績高低除了顯示出學生對科目的喜好之外，也會反映他們的能力取向，在不同的課堂中有不同的表現是正常的，教育者可以試著引導或找方法解決偏科的問題，但不能因為成績差就用輕忽草率、羞辱的態度去對待孩子們，這種極端做法容易導致他們出現自我貶低與自我價值低落的負面狀態。

學校成績不過是一組數字，帶來的影響是一時的，因為這種暫時性的能力評價標準就影響了孩子的一生，是一件很不值得的事情。讓孩子們理解自己的價值並明白每個人都會有一定的限制，是教育者的第一要務，幫助他們找到自己的天賦能力、培養發展個人喜好的能力，真正負起孩子們生命中引導者的責任。

長板效應
Strengths-Based Development

What & Why
6

消失的長板：為什麼找不到自己的優點？

★ ★ ★

⭐ 限制型教育造成對自身優勢認知混亂

在一份具有權威性的商業刊物《哈佛商業評論》中，曾經有一篇由現代管理學之父彼得・杜拉克（Peter Drucker）發表的文章〈自我管理〉（Managing Oneself），裡面是這麼寫的：「多數人都以為他們知道自己擅長什麼，其實不然。更多的情況是，人們只知道自己不擅長什麼──即便是在這一點上，人們也往往認知不足。然而，一個人要有所作為，唯有發揮自己的長處，如果從事自己不擅長的工作是無法取得成就的，更不用說那些自己根本做不來的事情了。」

這段話道出了許多人的困境，有些人的優勢與學科直接相關，在過去的學習階段中能夠很幸運地被反映出來，並順利地取得發展機會，但更多人是無法在學校教育體制中找到個人的長處與愛好，他們的成績不一定差，但往往也不是成績出眾的資優生，甚至他們

在每一個科目的表現都十分平均,無法從中找出表現得格外突出的領域,只能平庸而無助地度過校園生活,未來在職場上成為平庸的工作者。理論上來說,在校時期最重要的任務就是找到個人的價值與方向、了解個人的能力與愛好,但重視學科、不鼓勵學生發展學科以外的興趣的教學方向,注定會是這些在學科上表現平庸的孩子們最大的困境,他們無法在學校裡找到自己的專長與優點,在習慣了這種被限縮的生活後,當來到了必須選擇個人專業、為了未來做準備的大學時期,就容易對未來感到迷茫,這時他們不是隨波逐流、挑選當時熱門的科系,就是只能照著成績去挑選,隨意地選擇自己「不算太排斥」的系所。

跟隨大眾價值或者按照平庸的成績去挑選自己的專業或職涯,容易變成一種惡性循環,因為找不到喜歡或擅長的事物,所以隨便挑選科系,幸運的人可能會找到自己真正的專長、跳脫循環,但更多的人必須在痛苦中掙扎數年,一部分人持續不斷地試圖轉系、換專業,但始終都無法找到適合自己的位置;另一部分人選擇得過且過、在一個科系裡維持最低標準,只要成績還能保持在及格的範圍內就足夠了。這兩種狀況都是非常不健康的,容易帶來不好的影響,極度不安定以及如死水一般毫無活力的狀態都是異常的極端值,前者在不斷轉換跑道的過程中浪費大量時間,也會使得資源無法集中,每個專業都只學了一點皮毛,實際上什麼也沒有得到;後者雖然能節省到處尋找探索所浪費的時間,但因為不喜歡、不擅長

長板效應
Strengths-Based Development

所選的專業，所以耗費了與他人相同的時間，學到的技能與知識卻會大大落後於其他人，在畢業後尋找工作時，容易因為缺乏個人競爭力而無法獲得很好的就業機會，最後還是必須轉換跑道，找尋其他低薪、技術含量低且可替代性高的工作，最終很可能還會被AI替代！

這兩種類型的人雖然選擇的做法不同，但本質上卻是一樣的，他們同樣地迷茫不安，對他們來說，未來是充滿未知且沒有保障的，因為他們沒有可以賴以維生的技能，所以每度過一天都是得過且過，沒有任何成長的可能性。會產生對未來的擔憂、對生活的惶惑不安，從最源頭去探討原因，就是來自於對自己的不了解，因為不了解自己的優勢，所以花許多時間在尋找，就如彼得‧杜拉克所說，有些人連自己不擅長什麼都沒有足夠的理解，因此無法從眾多選擇中排除無用、沒有意義的選項，只留下最有可能的幾種選擇，並且用行動去實際排除掉錯誤的答案，直到找到自己真正擅長的事物為止。

對自己沒有足夠的理解，通常代表缺乏人生經驗，因為從小看到、聽到的事物有限，童年沒有體驗過、接觸過的東西，未來主動去嘗試的可能性就會變得很低，有的能力不需要花大錢、花大把時間去培養，還有可能在青春期、成年時期接觸到時靠著自身的天賦去補上，但有的能力卻需要仰賴長時間磨練，才能與天賦相輔相成，在特定領域中走出自己的道路。

一位有演戲天賦的天才如果從小就在父母的限制下而沒有機會接觸戲劇，嚴苛的父母要求孩子每天唸書、學習鋼琴或素描等常見的才藝，也沒有留下休閒娛樂的時間讓孩子探索自我，當有一天孩子上了大學、脫離了父母的控制，並看了人生中第一部戲劇時，刻在基因裡的天賦會喚醒血脈中的躁動，但此時孩子已經錯過了培養演戲能力的最佳時機，只能一輩子懷著對夢想的遺憾，在一間普通的公司裡當一個平凡人。也許孩子順從了父母的期待成為一個公務員或者某家公司的行政管理者，但當他休假時打開電視，看著演員們披上某個角色的外衣發揮演技時，心中的遺憾和嚮往只有本人能深切感受，就算父母得知了孩子的這份天賦與遺憾，也只能徒留愧疚和自責，與孩子相處時只能假裝看不見這些無法言說的想法，否則只是為彼此徒增痛苦，無法改變已成定局的事實。

這種錯過了最佳時機、來不及養成的天賦只有極小機率能找到補救的方法，而這種機會是可遇而不可求的。那些開明且放任孩子自由發展、挖掘自我可能的父母與老師亦是難能可貴的。

★ 自卑與低自尊會影響對長板的認知

除了因為童年經驗受限導致對世界的理解不夠，限制了對天賦的挖掘機會之外，自卑與低自尊也會造成一個人對他人的意見深信不疑，無法靠著自己找出本身具有的真實天賦。

自卑與低自尊的人經常會被人說是沒有主見、人云亦云，在他們的世界裡沒有一套穩固的價值觀，對自己的看法也會隨著不同的人所給出的不同意見而一變再變。在他們的世界裡，沒有一個固定的自我形象，他們就像是一面鏡子，會不斷反射出他人的看法，當沒有其他人的評論時，他們就沒辦法找到自己的定位，不管是長板、短板、個人性格還是信仰等，涉及個人特質與信念的部分在他們的世界裡都像是被濃重的黑霧遮蔽了一樣，他們無法給這些概念一個準確的觀點，因為在他們腦中，這是屬於未被開發、沒有確切定義的區域。

一般人對於如何評價自己、自己的優點與缺點是什麼都會有一定的看法，不管是用外貌去評價自己，還是用在課程學習、日常生活中的狀態去設立對自我認知的基礎框架。總之，對自我有足夠認知的人能夠找到一些因素做為對自我評價的佐證，雖然這些要素不見得是主觀或客觀的論點，但至少藉由這種方式而產生的個人觀點會成為引導人生方向的重要指標，重視道德價值與信仰的人會避開不符合個人信念的行業與職位，對自己的優勢與劣勢有著清晰認知的人會懂得揚長避短，在學習階段時就盡力發展長處，將時間與精力用在培養優點，省下無用能力的培養，未來進入社會、選擇工作時也會避開自己不擅長的職業類型，選擇與自己專長相同的人們一較長短，在優勢的領域裡面對各種挑戰，用自己的能力去贏得各種競爭。

無法客觀地自我評價所產生的自卑與低自尊不是突如其來或自然而然就出現的，這兩種狀態會造成個人失去主見、無法產生具體自我認知的問題，都有它形成的原因。

★ 自卑情結的產生

　　自卑在心理學的範疇中屬於性格上的一種特質，就一般的定義來說，自卑代表著一個人對自己的能力、性格、外貌、家庭背景等構成一個人的「身分」的要素有著較低的評價，而這種評價會讓人覺得自己不如他人、無法完成重要任務、喪失對生活的希望與信心，因而認為日常的生活與人際往來充滿危機。自卑者身處社交場合時，會有自我孤立、遠離群眾、無法產生自信心以及無法體會榮譽感等特徵，經常受到人們的忽視、受到身邊的人們嘲笑或羞辱時，自卑的心理會變得越來越強烈，這種過於強烈的自卑會因此而轉化，以嫉妒、自欺欺人或自我放棄的方式表現出來。

　　但心理學家阿德勒認為，自卑感是人類行為的原始決定力量與推動一個人積極進步的基本動力，從他的觀點來看，所有人的人生都不是完美的，每個人都會有性格或生理上的缺陷，這些缺陷是自卑感產生的主要原因，能夠摧毀個人的意志與健康，讓人陷入自暴

長板效應
Strengths-Based Development

自棄的狀態，甚至因此而罹患精神疾病。與此同時，自卑也能作為讓人奮發圖強的心理力量，為了要打破這種因為缺陷而產生的痛苦心理及先天不足所帶來的限制，人們會產生一股與自卑相對的積極力量，而自卑就會化為燃料，推著當事人走向追求優越的道路。

雖然以阿德勒的觀點來看，自卑能使人進步並成為不同領域中能力出眾的卓越之人，但有許多人在獲得了一定的成就後，依然無法認同、發現自己的長處，對於他們來說，自己就像是偷了其他人成就的「冒牌者」，他們害怕目前的成就會在被他人發現「名不副實」之後一切成空，而現在功成名就的自己則會被其他人視為「騙子」，成為千夫所指的過街老鼠。

也就是說，自卑雖然可以被視為一種推動人類進步的重要動力，但這樣的力量依然具有它的負面能量，容易讓人迷失自我、讓人無法正視自己的優勢與長處，受重度自卑情結所困的人們眼中只有自己的缺點，成功完成的任務、表現優秀的工作狀態常常會被他們用奇怪的理由解釋，例如：將靠著自身能力完成的任務全部歸究於好運、耗費大量精力努力完成的工作全部歸功於同事協助等，在他們的眼裡，自己的成就只是一種巧合，而非本身所擁有的優點，所以即使有著高學歷、優異的作品與履歷，依然與缺乏能力而自卑的人們一樣有著無所倚仗的不安定感，他們不敢跨出舒適圈、不敢接下挑戰與更加困難的任務，因為他們無法給自己公平及確切的評語，鼓勵自己用現有的能力去完成更具挑戰性的任務，阻礙了進步

的道路。

自卑的產生與形成可能分成兩個部分,也就是第一階段的原生自卑與第二階段的次生自卑。

★ 原生自卑

原生自卑的階段最早於兒童時期開始,當幼兒在面對外在環境時所體會到了不足感(insufficiency),就會開始出現自卑的問題,這種不足感可能是來自個體發育速度、貧困與缺乏資源的家庭背景或照顧者不當的家庭教育等等。對大多數有嚴重自卑情結的人來說,照顧者的不當教育是導致原生自卑產生的最大原因,錯誤的教育手段容易讓人在童年時期都感受到強烈的無助感(helplessness),長久的無助會讓孩子開始產生錯誤認知,認為自己比別人來得弱小、比別人更加愚笨,產生自己只能依賴他人的錯覺,這些都是早期的自卑感來源。

許多父母或照顧者會不斷地向孩子強調他們的缺點、將孩子們在無意間犯下的錯誤描述得很嚴重,甚至會用威脅與恐嚇的方式,讓孩子們產生「如果不能在課業/日常生活/課外才藝上贏過他人,未來就會一事無成」的恐懼,長期處在這種備受威脅、充滿不安的環境與心理狀態下,孩子會逐漸地強化自己比不上他人的思維和觀點,從而產生難以拔除且根深蒂固的自卑感。

阿德勒認為,人在經歷具有威脅感的狀態時都會進入自我保護

的機制,這種自我保護就類似佛洛伊德的自我防禦機制理論,但自我保護是用於抵禦外在所帶來的負面影響,自我防禦機制則是用來解決來自內部的心理矛盾。根據阿德勒的理論,幼兒在面對原生自卑時,會發展出虛構的目標(fictional goal)來幫助自己從自卑中解脫,這種虛構的目標會轉移對自我有害的力量,將其轉化為向外發展的能量,並帶來積極正面的感受,減輕自卑的負面壓力。

兒童時期缺乏的東西,容易成為虛構目標的具體形象,例如一個從小就身體虛弱的孩子,虛構的目標就容易以成為壯碩的運動員等方式呈現;一個從小就嚐盡窮困苦頭的孩子,虛構的目標就可能是成為千萬富翁。這些夢想可以有效地幫助他們平衡當下身處的自卑感,從而獲得生存和努力的動力。

★ 次生自卑

第二階段的次生自卑,指的是產生於成年時期的自卑感。當一個人成年之後,有些人會發現自己沒有能力實現過去一直憧憬的虛構目標或內心的標準,此時所感受到的自卑就是被失敗所觸發的次生自卑。次生自卑會迫使人們回到原生自卑中找尋失敗的原因,被喚起的恐懼、羞恥、脆弱等情緒反應是與原生自卑緊密相連的,會和產生原生自卑的記憶融合、糾纏,與更多的負面感受一起重新回歸。原生自卑無法被虛構的目標滿足的人,在次生自卑與原生自卑重合時,會傾向接受自己的無助與無能為力,認為自己的失敗是無

法改變的現實,妄想實現心中的理想是不切實際的,畢竟自己並沒有足夠實現夢想的力量。

成年後的失敗經驗對自卑者來說就是對幼年時原生自卑的佐證,因為「相互驗證」,所以他們很難相信失敗是一時的,他們認為無論多麼努力,夢想仍是遙不可及的。

就這樣,原生自卑與次生自卑的對比論證就形成了一個難解的惡性循環:原生自卑使人們為了自我保護而發展出虛構目標,在虛構目標上的失敗經驗使成年後的個體產生了次生自卑,次生自卑又將人們帶回自卑的起始。這樣的循環把很多人困在自卑情結中,即使未來終於得到成功的結果,卻因為前面已經「驗證」了答案,所以這種成功就會被錯誤地歸因於「運氣」,無法被當事人視為由自身能力所帶來的好結果。

對他們來說,自己的「無能」已經是不可改變的「真相」,所以無論後續有什麼樣的際遇與發展,他們都看不到自己的優勢、長板,更不用說試圖用個人的長處發展不同的事業了,在自卑者的眼中,現有的個人空間是最安全的,「沒有優點」的自己無法開拓更大的事業版圖,而隨意跨出舒適圈是一件充滿危險的事情。

低自尊出現的主要原因

低自尊的定義

在一本名為《克服低自尊》(Overcoming LowSelf-esteem)的

書中，作者梅勒妮・芬內爾（Melanie Fennell）對自尊做出了以下的定義：「我們看待自己的方式、對自己的想法以及賦予自己的價值。」她認為自尊是每個人對自己的核心信念、主要觀點，低自尊代表著當事人對於自身的個人品質和價值有著負面的認知，例如：認為自己是自私任性的，認為自己是卑賤醜惡的，認為自己的道德低落、社會地位低下，認為自己會使得美好的事物和人被弄髒等。

書中還提到自尊是個具有連續性光譜的特質，與性別特質、性取向等個人組成要素類似，每個人的自尊水平都會有所不同，有些人自尊水平較高、有的人自尊水平較低，但所有人都在一條連續不斷的水平線上，較少有人會處於光譜中最極端值的範圍。

有高度自尊的人們有著堅定的自我認知，他們在一般的情況下都會一直維持著對自己的穩定看法，只有少部分情況會引起他們出現間歇性地自我懷疑，例如遇到面試不順利、考試成績不理想、任務多次失敗無法順利完成，才短暫地出現自我懷疑，但這種懷疑自己的狀況只是暫時的，並不會完全改變高自尊者對自己的看法。

但也有不少人受到低自尊的影響，因而出現長期自我否定的問題，他們在犯了過錯時，無論錯誤有多麼微小，都會產生強烈的自責情緒。一般來說，自卑者也會有低自尊的問題，否定自身應對挑戰的能力、不相信自己能處理好人際關係、遭遇困難時會產生「我什麼都做不到」、「我永遠都是這種無能為力的樣子」的想法。低自尊者很難靠著努力消除自己的負面狀態，因為面對挫折時，對自

己的否定就會捲土重來，把好不容易建立的信心破壞掉。

★ 低自尊與自卑的差異

低自尊與自卑最大的差異在於：自卑是一種心理狀態與行為驅動力，核心的自我觀點是「我比不上他人」、「我做不到」；低自尊則是因為自卑的心理狀態而產生的一系列行為與其他對自我的聯想，核心的自我觀點是「如果不能滿足他人的期待，我的存在本身就是讓人失望的」。自卑除了會成為推動一個人進步的動機之外，卻也可能成為破壞健康的認知狀態元兇，讓一個人即使進步、獲得了成功也無法感受到快樂。

不過，低自尊並不全然由自卑所引起，一個人就算經歷了自卑的所有階段、反覆不斷地遭遇挫折，還是有可能停留在自卑的階段，未來透過成功的經驗累積，還是有可能回到正常的認知狀態，但如果尚未經歷過成功，就遇到了強烈的負面外力影響，就非常有可能會發展出「我不能讓人失望」、「我如果不能讓人開心就沒有存在的必要性」這類的想法，這種想法跳脫了自卑的範疇，是建立於自卑之上、極度否定自我的低自尊人格特質。所謂的負面外力，指的是在童年時期加重孩子自卑感的具體行為。例如：父母把孩子犯的錯誤嚴重化、誇張化，並且在後續將孩子的錯誤反覆拿出來講，甚至當成親戚聚會間閒聊的話題；要求孩子必須在所有方面表現優異，並在孩子沒做到時用誇張的言語詞彙、表情動作表示自己

的輕蔑與失望。

　　這些暗示性的態度和外在表現會在孩子的心中埋下一顆定時炸彈，當孩子即將進入成年階段、進入社會並開始學習獨立時，他們會因為失去照顧者們為他們設定的框架和限制而變得茫然，原本擺布自己人生與發展方向的那幾雙手不見了，所以他們會開始向外尋找「限制」，所有人給自己的要求都全盤接受，無論是否合理都盡力達成，一旦沒能符合他人的期待，對方失望的眼神與冷淡的話語就會重新勾起他們的焦慮與沮喪。

　　這樣的焦慮經驗會影響後續對於他人期待的完成，因為害怕這樣的焦慮，所以他們在接下一項任務時，會先預期上一次失敗的恐懼，當任務正式開始時，他們就必須頂著壓力工作，而致使效率大幅降低，工作效率降低，就容易失誤或必須延期，令任務委託者對他們感到失望。由此，低自尊者倒因為果，認定自己是個失敗者，所以再接下一個任務時，就會重蹈覆轍，在事前就認定自己一定會失敗，並在這種差勁的心理狀態下進行一個注定失敗的任務。

　　低自尊者的人生就是在反覆「提醒」個人的失敗與短板中度過，他們的生命早期就受到照顧者與教育者的否定，關注點永遠在自己做不好的事情上，所以對他們來說，他們本身就是短板的代名詞，長板只會出現在其他人身上，他們輕輕鬆鬆就能說出旁人的優點和長處，彷彿別人都是站在陽光下的公主、王子，全身上下都閃耀著光芒，而自己就是要站在暗處為王子、公主們服務的工具人，

只要站到光芒下，就會被人看見一身的汙垢與不潔。

在這樣的心理下，不要說是發現與挖掘個人長板了，光是誇獎他們、試圖幫他們釐清優勢，他們都會感到驚慌失措，只能不斷否定自我價值，去逃避自己具有特定優勢的事實。

童年的操控者是長板消失的主要原因

不管是太過限縮的個人經驗，還是自卑與低自尊造成的影響，造成長板消失的原因，是因為無數雙眼睛、無數雙手在監視、控制著孩子們，用各種制式化的教育制度、墨守成規的社會傾向與不斷強化的心理暗示去限制孩子們的自由發展、矮化孩子們對自我的價值感，當他們逐漸被磨去了個人特質並失去對自我的感受能力時，就會變成一尊好操控的木頭魁儡，父母的手指向東方，他們就會往東方前進；父母的手指向西方，他們就一定看向西方。因為害怕違逆父母、師長的意見會帶來各種難堪的羞辱或肢體暴力，導致他們逐漸放棄個人的主見，並扼殺自己本身具有特色和獨立思想，以完全不反抗的軟爛姿態，去避開一切可能讓自己受到迫害的危險，降低自尊反而是一種保護自己的方式，一種以絕對的乖巧柔順換取上位者的好感、使自己不受傷害的方法。

這些孩子們在童年時期養成的討好習慣，會一直持續到成年以後，出了社會之後，他們可能會因為離開父母在外地工作，或者

父母逐漸老去沒有精力去管控他們，就會慢慢地從木頭魁儡再進一步地成為任人搓圓捏扁的黏土，優勢、劣勢、性格、甚至外貌與氣質都由他人說了算，因為這些建構人格所需的「特質」都已經被抽離，別人認為自己應該要長什麼樣子，他們就會為別人「打造」一個一模一樣的自己，直到最後變成與自己真實內在完全不符的扭曲模樣。

因為完成他人的期待已經變成這些失去長板的人們此生的任務，他們會用一生去討好他人，以此撫平自己的不安全感，或許對一般人來說，挖掘優勢和了解個人長板是一件重要的事情，但他們會將這件事情的重要性放在滿足所有人的期待之後，並不重視自己擁有什麼、缺乏什麼。

畢竟對一塊黏土來說，知道自己的優勢能力是什麼並不重要，不是嗎？

How & Do 7

與大企業競爭：揚長避短

★★★

⭐ 與成為特定產業龍頭的大型企業競爭

　　有的產業已經有許多年的發展歷史，在這些產業中，通常會有許多企業已經發展到極致，成為了一個產業中的龍頭企業，如3C產業中的蘋果、三星，食品產業的義美、桂冠，餐飲業的王品、50嵐等，這些公司在產業還處於一片混沌、看不見未來的發展前期時，就已經有領導者毅然決然地投入其中，帶領著一整個企業的初期成員們破釜沉舟，將所有的資源、精力全部放在一個領域上，他們占了產業發展初期的便宜，加上投入了可觀的資源，一旦產品或服務正式打開了市場，就代表他們的賭局等來了勝利的結果，這個結果的獎勵就是投入的資金全部回本，連帶著賺進了十倍、二十倍、三十倍……甚至上百倍的利潤，而比這些錢更重要的，是未來幾十年的霸主地位，能帶來的好處是難以估計的，相當於是將一個會不停生錢的金庫握在手中，只要能夠維持住成功的模式，定期做

市場調查了解新世代的喜好，依照這些調查的結果讓新商品跟上潮流，就能長久而穩定地經營公司。有些企業甚至有本錢陪著整個產業一起走向衰退期，早在其他小公司紛紛退出時，他們卻有能力陪著讓自己發跡的產業一起走入歷史，成為最後退出市場的企業，並在功成身退後保有在其他領域繼續經營的本事。

也就是說，有些強大的公司是無法撼動的，他們就是整個產業的代名詞，產業在他們就在，產業要消失，他們也能陪著產業在歷史留下最後的紀錄，然後全身而退，開發新的潛力領域。只要這些公司存在的一天，人們想起某個領域就只會想起他們，這就是難以被挑戰的霸權地位。

想要闖進某個已經平衡或飽和的產業裡，在大企業帶來的壓力下存活下來，並且做到能和他們分庭抗禮的程度，就需要用一些迂迴的方法，避免在創業初期就因為占不到已被瓜分得乾乾淨淨的市場，而必須面臨倒閉的命運。

避免用大企業的長板與他們競爭

各個公司、企業間的短板和長板都是很明顯的，因為他們發展的時間長、市場的覆蓋面廣，所以很多問題都會在這之間慢慢顯現，甚至連一般社會大眾、消費者們都可以清清楚楚地看到。

像是蘋果公司，因為有專屬的系統，所以性能較好、穩定度也

相對高，硬體設備也較為穩定，少有品質問題，加上有二手機換購服務，當新的機型開賣時，有意願換新手機的消費者可以到蘋果直營店裡去換購，用二手機的回收取得折扣，用比原價優惠許多的價格換新型手機。另外，蘋果也有許多專屬於自家手機的周邊設備，如：Lightning充電與資料讀取接頭、IOS系統等，這些專屬功能會讓蘋果用戶逐漸習慣，改用他牌的手機可能需要重新適應，而蘋果所配備的專屬工具也會失去作用，所以蘋果的消費市場很難被其他Android系統的手機分走，容易培養出忠實的用戶群體。

難以被分走的市場是一項優勢，但與其他同領域的廠牌太過隔閡的設備與系統也很難吸引非蘋果愛用者，反向變成一大缺點，容易窄化自己的市場，勸退現在的Android系統愛好者。這就是蘋果最大的弱勢，他們設立了一個堅固而嚴苛的壁壘，避免其他品牌挖走自己的客群，但也限制住了他們自己，分不走其他廠牌現存的用戶。除此之外，沒有相同的系統就沒有其他競爭者，這也是最大的問題，因為沒有其他使用相同系統的廠家，所以系統的優化與升級必須要靠自己去推動。沒有競爭就容易失去緊張感，蘋果因為沒有對外的競爭壓力，推動進步的動力就會非常小，發展的速度遠遠不及有許多競爭者的Android手機，也許到了不久的將來，IOS系統的穩定度與功能設計就會越來越平庸，當Android手機的穩定度與功能性追上蘋果時，蘋果的優點就會徹底消失，不再是許多人的首選。

再舉50嵐的例子來說，50嵐飲料店的歷史長遠，在許多手搖

長板效應
Strengths-Based Development

飲品牌開了又倒，甚至在許多連鎖店逐漸消失的情況下還屹立不搖，始終佔據了臺灣手搖飲霸主的寶座，即使是現在很受歡迎的迷客夏、麻古茶坊和茶湯會等飲料店，都只能勉強和他們打成平手，或者略遜於他們。他們最大的優勢是穩定的品質，不管是哪一家連鎖店，茶、珍珠、椰果或果汁的味道都一模一樣，喜歡上其中某一款飲料的顧客，都可以在全臺灣的每一間50嵐買到一樣的產品，因為每一家店的味道都很相似，很少會出現味道異常的狀況，他們也很少像其他飲料店一樣經常性地增加菜單，而是將已有的品項做到最好，維持產品穩定度。當然反面來看，這種維持穩定度為主的做法相當於放棄了很多常態菜單以外的飲料，他們對於容易對某些食物三分鐘熱度、無法長久喜歡同一樣食物的人來說相對缺乏吸引力，沒辦法將這類的消費者發展成長期的顧客。

　　要和這些長久發展的老字號公司或大型企業進行競爭，首先要知道一件事情：同處一個領域中就必須要彼此競爭，但如果同處一個領域下又發展了相同的優勢，就像是在分組淘汰制的賽跑中進行競爭，如果與自己分到同組的人是跑步比賽中的常勝軍，那就相當於一開始就必須面對遠高於常人的地獄難度競爭，容易成為第一線被市場淘汰的小企業，還沒打出知名度就必須面臨被淘汰的風險。在一個有著明顯龍頭企業的領域裡，避開龍頭的長板、選擇他們的短板就相當於是將自己放在與他們不同的賽道上，等到在其他的優勢中打敗了同等級的競爭者時，就會開始有足夠的資源與市場知名

度，可以開始嘗試挑戰強者的地位了。

同樣舉3C產品的例子來看，要和蘋果系統競爭，就要朝大眾化方向發展，維持現有的狀態，繼續保持與其他Android手機的競爭強度，直到蘋果公司因為進步的推力太弱而無法正確估算其他3C競爭者的實力時，就有機會取而代之，成為真正有著廣大市場的大眾化廠牌。不要學著他們也研發特殊的系統企圖壟斷市場、發展極度忠於特定廠牌消費者，反而是要繼續邊緣化蘋果公司，不要讓他們參與到主流競爭中，才是撼動王者地位的最佳方式。

如果從飲料店的例子去看，多元化的飲料菜單就是與50嵐競爭的一種可行方法，而這一點臺灣大部分的連鎖飲料廠牌的策略都很正確，可以分析他們的做法去了解台灣現在能做到各式飲料店林立的原因。

迷客夏是以奶類為賣點的飲料店，他們雖然也有銷售一些不含奶的品項去服務其他消費者，但整體來說還是以奶類為主，且這個「奶類」並非奶精，而是「牛奶」。這樣的做法，在很多店家還在使用便宜奶精壓低價格的年代吸引了重視健康養生的客群，建立了自己的特色，拉開了與坊間普通飲料店的差異。可不可熟成紅茶從店名就可以看得出來，他們是一家以紅茶與紅茶基底飲料為賣點的店家，雖然一樣有其他品項，但可不可的紅茶有著特殊的風味，對於喜歡特殊香氣茶的客群有一定的吸引力，加上店鋪英式特色與復古風格的裝潢、帶著文藝氣息的商品名、設計得非常漂亮的菜單

等，這些都能吸引對環境與美感有著一定要求的顧客，他們的目光容易被美的事物吸引，不自覺地看向比其他飲料店更具美感的可不可紅茶。

五桐號與麻古茶坊和50嵐不同，他們雖然也有固定的品項，但同時也有所謂的季節性菜單，菜單上的商品是由當季的水果製成的飲料，隨著不同的季節而改變，他們捨棄了其他飲料店的穩定性，提供更新鮮的體驗給消費者。這兩家飲料店除了季節性商品之外，還分別在配料與果汁上下工夫，五桐號有茶凍、杏仁凍兩種特色配料，麻古則是有與當季果茶搭配的奶蓋做為賣點。

在這些飲料店裡，有的拋棄了早年固定菜單的模式，隨著季節改變菜單；有的選擇以一種類型的商品做為主要特色，牢牢吸住固定客群，與其他飲料店做出區隔；也有一些飲料店選擇用裝潢與氛圍取勝，吸引路人因為好奇或對美的追求而前來購買。他們各自避開其他現有飲料店的特色，發展出自己的賣點吸引不同的群體，給了社會大眾更多的選擇，也讓整個臺灣的飲料產業超越其他國家，成了一個全球著名的特色，是研究「定位」的指標性市場！

How & Do 8

找到定位,打開市場

★ ★ ★

⭐ 將長板做為核心加入競爭

　　雖然在創業時要避開大企業、龍頭店家的長板,但可以參考這些公司在面對長板與短板時的處理方式,不需要完全避開他們的經營模式與方針,走一條完全不同的道路。

　　在討論大企業的經營模式時,可以看到一個現象:不管是已經發展出一定的規模、在一個產業中處於領先地位的大型公司,還是在這些公司的威脅下站穩腳步、存活下來並持續發展的新企業,他們在營業方針上都是採取以優勢為核心的做法,打開市場,找到自己的定位。

　　將優勢當成是核心的做法就相當於建立一個無形的招牌,想喝手搖飲紅茶,大家會先想到可不可;想喝一般超商的紅茶,可能會想到麥香和義美;想吃高價位的冰淇淋,可能會先想到哈根達斯;

想吃中低價位的冰淇淋，就會想到杜老爺，或者是最近幾年間逐漸成為許多人第一選擇的全家霜淇淋。現在有很多公司與他們的產品都有各自的優勢，並在這幾年裡分別將其發揚光大、刻在消費者的腦中，讓消費者在購買特定商品時會下意識地挑選對應的品牌。

可不可紅茶主打紅茶系列商品，加上店名就已經與紅茶有深度地綁定，所以當消費者很明確地想喝紅茶時，就能直接因為店名想到可不可紅茶，加上可不可紅茶的特殊口味，很容易就與其他飲料店較一般的紅茶做出區隔，更加深可不可在紅茶手搖飲領域的代表性；哈根達斯主要的市場是高價位的冰品，因為價格相對昂貴，所以與其他中低價位的冰淇淋相比，味道會更天然，口感也會更綿密、更入口即化，不會在口中留下一層奇怪的蠟質感與油膩感，他們與其他高價位冰淇淋相比，因為廣泛的銷售通路而更貼近一般大眾的生活，所以他們兼具了高價位與大眾化兩種看似衝突的優勢，如果今天一名上班族獲得了額外的獎金與加薪機會，為了獎勵自己，他可能會在下班經過超商時買一枝哈根達斯的雪糕，慰勞自己的辛苦並慶祝這個來之不易的獎勵。

對紅茶有要求的紅茶愛好者不會去都可和迷客夏找好喝的紅茶，忙碌的上班族不會在下班後特地去找 Cold Stone 專賣店吃冰淇淋慶祝，因為都可和迷客夏沒有特別出色的紅茶品項，要找跟他們同等級的紅茶，滿街都是替代品；Cold Stone 則是太依賴「現做」的特色，只能依附著專賣店而活，無法提高普及率，除了有空好好

坐下來品嚐的人們之外，一般上班族只能匆匆路過。雖然現在7-11已經開始提供簡易的Cold Stone現做炒冰，但目前普及率並不高，也不是每間門市都有賣，加上炒冰與盒裝冰品還是有方便程度上的差異，哈根達斯的大眾化高價位冰品定位還是有它的優越性，短期內無法被取代。

不論優勢只有一項還是有兩項以上，將自己最優越的項目設為整個品牌的發展方向、用長處打造成企業的核心競爭力，這樣才能強迫消費者在潛意識裡將品牌與商品畫上等號，要買某項商品就必然會選固定的牌子，才能在市場上占有穩固的地位。

配合長板，細化產業，創造出新的市場

在一個產業裡深耕許久的大企業，手中一般都掌握著整個產業中最大的市場份額與最多的資源，想要從他們的手中分走這些利益，最好的方法就是將整個領域做細部分析，從中挑選與自己的優勢最相近的細項，將該細項從整個大型的產業中進行分離，拉出新的產品分支進行發展，這就像上述各具特色的飲料店一樣，他們分別從「飲品」這個大範圍裡細分出「水果類飲料」、「配料」、「茶類」、「奶類」，甚至更細的「紅茶」等項目，各自將不同的飲料組成元素分離出來，從50嵐的手中搶到了這幾個類別的飲料市場，直到今天發展成了多家飲料店平分秋色的局勢。

長板效應
Strengths-Based Development

　　如果創業者選擇的目標市場越大，那麼客戶和用戶的共通需求就越不容易找到。如果選擇的市場區隔越小，那麼需求、痛點、體驗就越明顯，越容易定位。而且由於市場區隔小，大企業競爭對手不會對這麼小的市場有興趣，創業者反而容易找到沒有競爭對手的市場區隔和藍海商機。

　　大方向的經營雖然掌握著最多種類的服務項目，但每個種類都有可能因為需要顧及的東西太多而導致被忽略，顧此失彼的狀況也很有可能會因此而發生，將精神放在於某個領域中分出來的細項上，比控制大範圍的市場更容易做到專精。例如：坊間有許多非連鎖的服飾店，他們什麼類型的衣服都有，但這些衣服並不符合時下流行，或者容易出現布料材質低劣或做工粗糙的問題，UNIQLO將目標限縮為日常休閒服飾，他們的衣服面料會比一般服飾店來得舒適，且版型更加寬鬆、具有彈性，適合人們在日常放鬆時穿著。同樣是屬於休閒風格中的一員，New Balance是走運動休閒風格，所以相比UNIQLO，他們的運動服裝會更適合專業運動者，更有可能符合輕便、吸濕排汗等運動時需要的服裝特性。與New Balance等運動服裝品牌相比，YONEX是屬於羽球、網球等球類的運動用品專賣店，從所有的運動中獨立出球拍類運動去經營，做出專屬於網球運動員與羽球運動員的運動品牌，這就是專業定位！

　　同樣的狀況也會出現在其他產業中，以食品業為例，桂冠公司專賣冷凍食品，冷凍義大利麵、火鍋料與湯圓等都是常見的熱門

品項，但他們的冰品卻表現平平，日常很少被討論。阿奇儂公司主攻冰品市場，有賣冰沙、雪糕、冰淇淋與冰淇淋類甜點，他們在全聯、家樂福等賣場中更常吸引消費者的注意力，與初鹿牧場及鮮乳坊等公司聯名合作的產品也經常能夠在四大超商中看到。在冰品的領域裡，哈根達斯是專門經營冰淇淋、雪糕類產品的品牌，他們的銷量雖然沒有阿奇儂來得高，但在單一商品的售價偏高的狀況下，還曾一度達到市佔率四成的亮眼成績，若是兩者處於同一價位，阿奇儂不見得在市場上能走到一樣的高度。

從以上的兩個案例來看，細分出來的品牌雖然因為服務範圍較小、能滿足的顧客群體相對較為限縮，所以能取得的利益不如全部兼顧的大公司，但這麼做更容易打出知名度，因此更容易成為特定消費者的選擇對象。想吃冰淇淋的人，在大賣場裡看到桂冠肯定不會特別停駐，因為這個牌子不是好吃冰淇淋的代表，許多人甚至不知道桂冠有出冰品。

如此配合長板效應，細化瓜分產業，淘寶是知名的交易平臺；小米專注於粉絲互動；騰訊則抓住了近乎八成的中國網民……，長板搭配專業的細分，讓他們補齊了短板。

用長板與大企業競爭，就像是把一塊鐵逐漸冶煉、磨利，直到鐵塊變成一把鋒利無比的寶劍，就能將王座之上長久統治著泱泱「大國」的王者拉下馬，成為與之比肩的存在。

長板效應
Strengths-Based Development

How & Do
9

設計出理想的長板

★ ★ ★

有計畫地培養長板

　　一般來說，優先發展長板都會是更好的做法，不管是什麼產業，長板都能被視為是主要發展的決策方向，也就是引導企業未來走向的指標。但在還沒有將公司建立起來的創業初期，不要說明確的優勢了，企業的雛形可能都還不完整，只能查漏補缺，將創立公司基本的要素優先補齊。

　　在資本缺乏的時期，有些創業者什麼都不挑，只要有到手的資源就胡亂運用，於是他們組起來的第一個木桶就會是亂七八糟的形狀，各個木板間有長有短，但就是沒有特別出色的優點，這種來者不拒的資源接收方式，前期看起來似乎會比其他人獲得更多，但後期有些東西可能會變成帶來負面效果的燙手山芋，拖累整體的發展。因此，新創企業應該要盡可能地做好事前規劃，把想要走的市場定位與風格決定好，將這些目標視為欲培養的優勢，集中資源把

長板加寬、加大，以確保在有相同目標的公司中具有足夠的競爭力，先做出成績淘汰掉對手，避免成為被淘汰的對象。

什麼資源都想掌握在手中，沒有計畫地蒐羅各種可以輕鬆得到的人脈和市場，將來就必須面對公司沒有任何特色的問題，這個問題會直接抵消前期得到很多資源的贏面，因為沒有固定的優勢可以作為企業的代表性，所以吸引不到特定消費者、無法培養起忠實顧客的公司很難與有基本顧客群的企業做競爭，也就很難維持固定的市場大小。

前文中所提到的50嵐，乍看之下似乎沒有任何特點，他們與其他飲料店相比少了一點特色，不像其他飲料店一樣，以一款特色飲品或主要配料做為賣點，只是維持著穩定的口味而已，難免令人產生疑問：「50嵐真的有優勢嗎？」

事實上，他們的穩定就是一種優勢，喜歡多多綠的愛好者在愛上他們的多多綠後，就會因為其不變的味道而成為忠實客戶，想要喝的時候會第一時間想到他們；例如，上了一天班的上班族突然想起了50嵐的珍珠奶茶，嘴裡好像充斥著奶茶香甜的味道，那麼他下班後就會立刻去買一杯珍珠奶茶，喝下第一口時的味道與他的想像不謀而合，瞬間滿足他的味蕾。

這種穩定感會在一次一次滿足個別飲料的愛好者時累積其對品牌的好感，時間一長、好感度超過一定值，情懷就自然而然地創造出來了，每一款飲品都能服務各自的愛好者，給他們始終如一的味

道，甚至在這個味道的基礎上添加情感價值。也就是說，其他家飲料店會有一個主打項目，如紅茶、茶凍、奶類等，但對於50嵐的常客來說，每一種飲料都可以是一個「主題」，對於四季春珍波椰（1號）的愛好者來說，四季春珍波椰就是主打商品；對於紅茶拿鐵的愛好者來說，紅茶拿鐵就是最重要的一款商品。

除了味道穩定外，早期的50嵐還有著價格低廉的優勢，很多學校的老師會在運動會、學期末等時間點請學生們喝飲料，便宜的飲料店自然就會成為首選，與學校這個容易產生回憶的場所連結。當曾經的學生們出了社會後，有一天回想起過去與同學一起努力學習、努力爭取運動會比賽冠軍的經歷時，就可以藉著「50嵐的飲料」這個記憶載體去懷念過往，回味學生時期的快樂時光。

「穩定」的口味是50嵐特別設計的優勢，他們有專門的考核機制，在兼職人員工作期滿後可以參與考試，考核時對飲料的糖量控制會有非常嚴格的標準，一般能通過考核的員工都能夠將糖的量控制在穩定的範圍內，不會過甜或沒味道。另外，對於珍珠、波霸、奶霜與茶的製作，都有標準化的流程與統一的時間，不會煮出過軟或沒熟的波霸，也不會泡出沒味道或苦澀的茶品。就是因為這樣的嚴格要求，所以才能將品質維持在固定的標準上，讓消費者們十年前喝是這個味道，十年後、二十年後甚至三十年後喝還是同樣的味道，快樂的回憶永遠都不會消失，而是會在每一次嚐到那些味道時被喚醒。

乍看之下，五十嵐沒有其他飲料店那麼有特色、在某個領域佔有一席之地，但實際上卻因為一個特別設計過的做法，而產生了其他店家很難複製的優勢。成為一部分人的童年回憶，就是這項優勢所帶來的意外之喜。

　這就是50嵐的成功例子，如果能好好定位長板式的發展決策，讓長板配合實際情況去做彈性調整，就能達到出乎意料的效果。

長板效應
Strengths-Based Development

How & Do
10
不是所有長板都要

★ ★ ★

⭐ 適當捨棄計畫外的長板

　　如果有一家企業專賣肥皂、洗潔精等產品，有一天他們得到了收購一家薄荷油品牌的機會，那麼這家企業應該如何決定？

　　有些人可能會認為要趁著這個難得的機會收購薄荷油公司，發展成子公司，或者在自家原有的品牌裡增加薄荷油類的產品，將購入的公司歸入原本的品牌裡。但事實上，除非這家肥皂製造公司想開始售賣薄荷味道的肥皂，將製造薄荷精油的方法掌握在手裡，推出一系列的薄荷清潔用品，作為未來的主要產品，否則就應該放棄這次的收購，把機會留給其他更適合的企業。

　　在過去，每家公司經營發展方向都是希望能夠擁有更多的優勢，且劣勢越少越好，是因為在通訊尚不發達的年代裡，合作是一件非常困難的事情，期待別人用長板與自己合作，就容易因為溝通不良而出紕漏，所以最好的情況是自己本身就擁有許多不同類型的

優勢，將短板修補到與長板基本相等。但現在，方便的交通運輸與通訊系統減少了合作的難度，那麼兩個企業間互相合作和配合的做法，將會成為所有人的最優解。兩家企業互相合作，代表兩者都可以將資源花在刀口上，不浪費任何金錢和時間，全力發展各自最重要的優勢項目。

如果今天有一家酒廠，他們除了產品本身十分優秀外，還想從包裝上創造商品的獨特性，那麼他們就必須有能夠確保長久生產酒瓶的管道，這時候可以選擇的做法有兩種：

第一個是開一間專屬的玻璃瓶製造廠，製造具有特色的瓶子；第二個是找尋長期合作的對象，簽訂永久性的合約。

以上兩種方法各有優、缺點。

第一種做法可以更直接地管理跟調整，如果製造出來的瓶子有不足之處，可以及時將問題指出並改正，可以省下兩家廠商間的溝通的成本，將製程控管在自家企業的視野中，很多問題就能及時被解決，不需要聯繫對方的主要管理者，再由管理者向工人們傳達問題，才能修正意外的狀況。

以缺點的部分來看，第一種開專門的工廠來進行製造的方法需要大量的投入，因為要發展一項新的業務，必須要有技術、錢、時間與人力，且前期的表現可能會不如預期，因為是不熟悉的領域，所以在工人製造出工藝粗糙、設計不良的低價值包裝時，管理者可能無法及時發現，但包裝的精緻度會影響到消費者對產品的觀感，

如果高價的紅酒卻被裝在有瑕疵的瓶子裡，可能就會讓人失去購買的意願，因此而影響到銷量。要讓瓶子對紅酒銷售發揮到錦上添花的作用，製造工藝必須要有一定的水準，光是處理掉粗糙、滿是瑕疵的問題絕對是不夠的，還要進一步加強，才能穩定維持瓶子的品質。這樣一來，投入的資源幾乎和重新創業、進入新產業相去不遠，但最後只是為了賣出一瓶酒，沒有額外的商品產出，付出與得到的比例並不相等，還不如不要多花這筆錢去經營一塊新的版圖。

第二種做法不需要多花一筆錢去開設新工廠，本來也許開一家玻璃廠需要兩千萬，但如果是委外製作，就可以將成本控制在一定的範圍內，不需要花場地費用、設備購入與後續的固定保養費等額外開銷。而且玻璃廠在過去的長期經營下，玻璃匠該有的專業能力、獲取便宜原料的管道、機器保養的合作對象等玻璃廠所需的要素早已具備，而且內行人的消息遠比我們所想的還要靈通，如果有新的技術或更好的進貨管道能幫工廠省下更多費用，有時身為顧客的委託廠商也能連帶嚐到甜頭，得到大方的工廠老闆開出的優惠。

至於溝通較繁複的缺點，如果一開始就溝通好需求，工廠也提前製作了樣品給酒廠確認過，那麼身為專家的玻璃廠犯錯的可能性會幾近於零，也就是說，在合作的一開始時就把所有的細節都處理好，後續可能根本就不需要溝通與處理失誤的過程，兩者可以各司其職，把自己的專業處理好，就可以將商品推上巔峰。

再舉蘋果的 iPod 為例，早期蘋果就選擇不自行生產硬碟，而是

將主要供應商定為東芝和希捷等；後來科技發展，硬碟逐步被快閃記憶體取代，這時的供應商又變成了以三星、東芝和海力士為主。

從歷次產品更新來看，主要供應商的地位也是輪流由幾家公司承接，這種做法讓蘋果能在自己不打算著重新建設的前提下，既能用到先進的技術，又能獲得優惠的價格，控制成本。

簡而言之，既然計畫中的長板已經發展到了一定程度，那就不應該去發展計畫中沒有的其他「板子」，並抱持將之發展成第二優勢的野心，或是接手與手上的企業完全不相關的公司，貪圖別人留下的優勢因為這樣必須花心思、耗成本去重新了解一個產業的運作，並跳出原有的體系去了解新的事物，這種作為無異於自找麻煩。

How & Do 11

收購時可以接受的長板

★ ★ ★

按前一章節所提的內容，可以知道隨意收購其他公司是危險的，因為每一家公司都有他們的優勢，如果收購的母公司與被收購的子公司分別處於差異較大的產業內，母公司就必須承擔未知的風險，去面對不熟悉的業務帶來的負面影響。

但有兩種情況不是一般的狀況，在仔細評估過後還是可以嘗試進行收購。

📍 投資型的控股公司

對於控股公司來說，透過大量購買股票獲得其他公司的決策權，或者直接取得公司百分之百的所有權是他們的運作模式，也就是說，收購是他們常規的手段之一，本來就是為了投資而生的公司，不像一般生產產品或提供服務的企業那樣具有明顯的長板，或者他們的長板就是主要決策者與管理者們的「眼光」，所以控股公

司本身是中性的,不受產業類別、產業的優勢與劣勢影響。

舉全球最大、最知名的控股公司波克夏・海瑟威為例,波克夏旗下有無數家子公司,這其中沒有任何一家是由波克夏的董事長巴菲特自己建立的,就連波克夏公司的前身波克夏紡織廠都是巴菲特用合夥人的共同資金逐步買入股票,直到完全持有為止。這些被收購的公司產業類別差異性極大,有電池、糖果、汽水、房地產公司⋯⋯,這些公司進行的業務都具有各自的獨特性,各公司間的優勢與劣勢也都很明顯,但他們依然存在於同一家母公司名下,並沒有互相干擾的現象。

要達到與波克夏相同的效果,就要先確認以下的問題,才能開始進行收購:

1. 母公司是否為中性,並非處於任何一個產業中?
2. 當母公司收購了第一家企業後,是否受到子公司影響,開始偏重子公司所在的產業?
3. 企業管理者是否有足夠的能力看出被收購企業真正的優勢與潛力,讓子公司發揮應有的功能?

以上三點非常重要,如果母公司在開始收購第一家公司前像波克夏一樣擺脫了原有產業的特色,那就能將之視為中性、不存在任

何一種產業的特徵，這時就可以從各種不同的產業中挑選合適的收購對象。如果母公司收購了某家公司後開始被影響，並偏重於發展子公司所在的產業，此時母公司視同於非中性企業，除非拉回到原有的狀態，否則收購必須加入其他考量。

第三點是最重要的：如果一家公司沒有對所有產業的廣泛知識與了解，無法正確評估收購對象的優勢和潛力，那就不要收購，否則就與賭博毫無區別，翻車的可能性非常大。

波克夏公司的領導人巴菲特在決定是否收購或投資其他公司時，就是以自己是否能理解某個產業作為標準，如果他沒有能力去了解一家公司的未來潛力與前瞻性，他就不會收購這家公司，因此，波克夏在過去極少投資或收購3C產品的公司，而是以食品、生活用品、房地產、保險等產業為主。

能使原公司的長板增長

有些產業看起來與原公司所經營的方向相去甚遠，但事實上卻能夠為原公司帶來助益，讓原公司能發展得更好，讓計畫中的優勢能跨越式地成長成理想中的狀態。

如前文提到的清潔用品公司與薄荷油品牌為例，如果這家公司只是想要收購一家薄荷油品牌，把它發展成清潔用品外的第二條產品線，那麼對於這家公司來說，這是沒有必要的。他們之所以會被

定位成清潔用品公司，就是因為在過去的公司發展中，清潔用品一直是主要的業務，具有良好清潔效果的洗潔劑是消費者們對於這家公司的主要印象，所以如果今天把薄荷油納入主要的發展項目中，企業的定位就會被改變，會對公司帶來巨大的影響，有時甚至要承擔兩種商品都變成非優勢發展項目的問題。但如果這家清潔公司能好好利用收購來的薄荷油品牌，將這個品牌的材料購買管道、提煉精油的技術等納入主要的產業中，用來製造薄荷味的清潔用品，或者利用薄荷油的特性提高沐浴乳、洗髮精等洗浴用品的清潔力，吸引喜歡薄荷味與清涼感的顧客，就能因此而讓長板（洗潔效果）再次加長，並增加現有長板之外的其他優勢，發展成新系列商品。

Google在2014年初宣佈用29.1億美金把摩托羅拉移動出售給聯想，才出售一週，Google股價就上漲8%。Google的CEO佩奇解釋說：「這筆交易Google將精力投入到整個安卓生態系統的創新中，從而使全球智慧手機用戶受惠。」我們可以怎麼理解這句話呢？就是：Google只是做系統的，我們買了個手機公司回來補短板（硬體），結果發現不如專注我們擅長的長板（系統）更好。

當年吉列刮鬍刀收購金頂電池，但手動刮鬍刀並不需要使用電池，而電動刮鬍刀則是不能保證消費者一定會使用金頂電池，因此在吉列被寶僑公司收購後，寶僑公司並未將金頂電池當作吉列底下的品牌或子公司去發展，而是區分開來另外經營，直到將金頂電池獨立被賣給波克夏公司為止。電池這類需要不停更換且替代性很

高的商品，注定無法成為加長長板的要素，而且它不像是零件、原料類的中間產品，而是已經能夠直接提供給客戶的最終商品，要用哪一牌的電池全由消費者決定，電池與刮鬍刀之間並沒有綁定的關係，所以不會影響刮鬍刀的長板或短板。

綜上所述，收購目標的長板項目必須不與自己的公司有所衝突，必須在母公司無特殊性質、沒有偏向特定產業；或者子公司的長板、主要產品及生產渠道能為母公司所用，成為母公司主打商品的材料供應者時，才能成功做到。

新品牌不能改變母公司現有的格局，波克夏旗下所有的子公司都是同一高度，收購金頂電池後不會發展成以生產電池為主的母公司；寶僑公司由五大產業（嬰兒護理、女性和居家護理、肌膚護理、個人健康護理、理容美體以及織品與居家護理）所組成，金頂電池無法為護理性質的產品帶來助力，但如果要讓金頂電池的長板發揮功效，就必須另外開發毫無關聯的能源類產業，這樣就會破壞以護理產業為主的公司格局，使公司不再穩定，而是多了許多未知的風險。

所以金頂電池最後成為了波克夏公司的一員，至今依然穩定地經營著。

How & Do 12

找回消失的長板：擺脫自卑

★ ★ ★

再來我們回到個人層面，要改變目前的狀態、處理困擾自己的問題，第一件要做的事情就是進行自我檢視，確定有問題的現況來源為何、自己認定的原因是否就是真正的源頭，而要確認問題，對比「症狀」就是最好的方法。

⭐ 自卑情結的自我檢視

阿德勒認為自卑會成為讓人進步的動力，但這種自卑感也不能過於極端，過度的自卑會發展成自卑情結，讓人變得憂鬱、焦慮和脆弱，影響到心理與生理兩大方面的健康狀態。

要判斷一個人的自卑是否已經發展成自卑情結，可用以下幾個特徵去做判斷：

❶ 不斷尋求他人的認同

有自卑情結的人，在需要被人肯定的時期缺乏來自重要他人的

認同,這種缺乏會讓當事人在成年後尋找替代者,希望能從外界獲得他人的讚賞和表揚,這樣的讚賞無法真正替代童年需求,但為了獲得微小的安全感與滿足感,他們還是會不斷地追求肯定,甚至為了獲得認同,所以在做每一件事情前都需要參考別人的意見,將他人的看法作為做事的準則。

❷ 太在乎別人的看法

沒有人可以完全不在乎他人的看法和想法,尤其是在接收到了難聽且傷人的負面評價時,覺得憤怒、傷心或沮喪都是非常正常的事。但有些人不僅會對他人的負面評價感到難過,這種難過甚至會發展出強烈的痛苦情緒反應,因此而神經質地檢視被批評的每個部分。自卑情結的人會對每一件被批評的事情中的每一個細節都進行反省與分析,想要透過這種方式去避免下一次再被批評,這種高壓式的生活模式對身心健康不利,所以經常因為他人的話語或表情而產生壓力,就很有可能是自卑情結而造成的問題。

壓力會帶來的生理問題包含:掉髮、禿頭、口腔潰瘍、肩頸痠痛、肌肉神經抽搐、濕疹、皰疹、經期紊亂、男性陽痿、早洩、失眠、頭痛、焦慮、易怒、心肺功能失調、胃潰瘍與消化道問題等。如果大小病不斷、以上幾種症狀經常出現的話,除了考慮到相關的醫院科室看診外,最好還要去精神科門診或尋求心理諮商協助,改善惡性壓力所造成的影響。

❸ 接受具體的建議或批評時心情會過度低落

有些人會提出具有建設性的建議,這些人往往是抱持著善意而來,只是想用提出具體問題的方法讓當事人了解狀況,讓對方能快速理解出錯的原因,避免下一次的錯誤,快速進步。有自卑情結的人容易對這種批評產生過激反應,因為他們對於一句話的重點與其他人不同,別人對於具體的建議,會更重視「問題點」以及「改正方法」,但有自卑情結的人會將重點放在「我犯錯了」這件事情上,即使這個錯誤非常微小、實際上不會帶來什麼嚴重的後果,都會讓他們出現好幾天的低落情緒,甚至在未來幾個月、幾年中再次回想起這個錯誤,都會再次回憶起當時的痛苦。

❹ 拖延症

接受別人的誇獎與讚美時,一般人都會覺得開心,這種讚美是生活中的小點綴,能因此產生愉悅的情緒。但對於自卑情結的人來說,這些讚美和誇獎、奉承會變得像毒品一樣,在後續產生很多問題,在沒有人稱讚的時候,他們就像是正在經歷「戒斷反應」的發作,變得提不起勁、沒有活力,覺得正在做的事情沒有意義,而遲遲不願意動工。

另外,因為害怕作業或工作做不到完美會遭受他人的批評,他們會很被動地去完成自己責任範圍內的任務,用這種方式逃避面對現實,延後面對一切被否定的可能性。

總之，拖延症的問題是來自於缺乏動力與害怕犯錯這兩個潛在想法，因為擔心自己沒辦法把事情做好，所以有自卑情結的人會一直拖延進度。

5 與社會脫節

　　與社會脫節的原因和拖延症有些相似之處，因為害怕錯誤與被人貼上負面標籤，有自卑情結的人會減少自己與其他人的相處機會，因為在他們眼裡，「人」是為他們帶來心理威脅的主要源頭，既然其他人可能會覺得自己不夠好，那不要接觸人群就好了，為了扼殺掉由「人」所帶來的焦慮和恐懼，他們就會產生「要減少社交的機會，如果可以完全不社交就更好了」的想法，當焦慮嚴重到迫使他們將想法化作現實時，自卑情結的人就會開始避開與人交流，發展成嚴重的社交恐懼症，只能關在自己的小空間中，就像是日本的繭居族一樣。

　　長期的自我隔離會讓人只看自己想看的、只聽自己想聽的，最後因為接收不到外界的重要資訊，如：流行趨勢、重要時事、全球性事件等，造成與社會脫節的嚴重問題。

6 喜歡放大別人的錯誤

　　有自卑情結的人會因為害怕比不上別人，而對於自己的錯誤、比不上他人的狀態是極度不滿和反彈的，他們容易過度檢視自己，

用高標準進行自我管理，所以常常會覺得自己有許多不足的地方，這種認知對於自卑情結的人來說是非常令人不悅的，所以為了轉移嚴格的自我檢視所帶來的沮喪、憤怒或壓力等情緒，就會下意識地用同等眼光檢視他人，點出別人犯下的相同錯誤去減輕自己的自卑與罪惡感等，讓包含自己在內的所有人轉移注意力。

依照佛洛伊德的自我防衛機轉理論，這是來自投射作用（Projection），也就是將自己沒辦法接受的想法和舉動投射在其他人身上，或是從他人身上找到自己也犯過的錯誤，想推卸責任或藉著他人所犯的相同錯誤得到「大家都會犯一樣的錯誤」，以此獲得解脫。

舉例來說，有的學生會去指責其他同學抄作業、沒有認真答題就直接對答案，事實上這種說著不公平、指責他人不用功的學生心裡可能也有過偷懶的想法，但因為害怕成績退步或者不想被他人認為自己讀書不用功，所以還是屈服於現實之下。曾經有過的偷懶想法會讓他們站在道德制高點去評價、嘲笑偷懶者的選擇，讓自己看起來沒有錯，抄作業的人才是錯誤的，藉此減輕自己在道德上比不過他人的壓力，甚至用這種道德上的優越去建立安全感，用「我才不會跟他們一樣墮落」之類孤高自傲的想法去提高自我價值，遠

離壓力。

所以，一個人挑人毛病的頻率越高、越容易用更難聽的話去評價他人，就越有可能是因為自卑情結作祟，利用貶低他人的方式，去減少比不上他人而產生的負面情緒和惡性壓力。

自卑情結的解決辦法

自卑情結的偏差想法

自卑情結會使人陷入幾種偏差想法中，要改變自卑情結，就必須先了解這幾種想法，從根本上去進行矯正：

1. 過分關注失敗經驗

就算是同樣的事情，也不一定每次都只會帶來失敗的結果，這個道理對一般的人來說是很容易明白的，但自卑情結的人即使知道這個道理，還是會傾向用負面經驗去預期自己的失敗，無法將理性思考與個人預期結合在一起。

2. 不能對自己感到滿足

自卑的人即便能力很強，也有高薪的工作、好看的履歷足以證明他們很優秀，但依然會有嚴重焦慮與壓力過大的狀況發生。這些具體可靠的證明沒辦法說服他們，所以他們無法對自己的過往成就、社會地位和能力產生滿足感，無法很好地肯定自己的優勢與成就，永遠都覺得自己尚有不足，甚至只認定自己是毫無可取之處的。

3. 沒有他人的認可就沒有個人價值

他們容易將自我價值建立在他人的評價之上，沒有意識到或者總是忽略個人的價值應該建立在自己的能力、自己的努力與自我肯定上。因為沒有意識到自己才是個人價值的主宰，所以只要沒有他人的認同，做再多努力、有再多優點都沒有意義。

★ 擺脫自卑的行動

步驟一：記錄自卑的發生與細節

將每一次自卑的發生拆解化，可以用表格或條列的方式，依次列出下面幾個事件的組成要素：事件發生的經過、自己當下的心情、對於事情發生的個人想法以及事件發生會導致什麼問題。了解自己在自卑時感受到的心情，並將當下的想法記錄下來，搞清楚自己在面對狀況時的思考習慣，將自己對事情的解讀方式與偏差思維進行比較，就可以知道自己是否又陷入了錯誤想法的陷阱，用對自己不公平的方式去理解狀況。

步驟二：排除錯誤想法

將對事件發生的想法與上述的錯誤思維對比後，常常都能發現自己已經掉入思維陷阱，此時可以將不客觀的想法拿掉，重新解釋問題發生的原因。

步驟三：找到事情發生的真正原因

將非理性思維下所推論的事件發生原因排除後，就會剩下事件

發生當下的全部經過與情緒，當下的事件經過可以逐一拆解，一步一步填上導向下一個狀況的真正原因，拆解的過程中可以加入使事件發生的「前情提要」，讓整件事的情況更完整，對當下的情緒不需要調整和刻意改變認知，接受自己的負面情緒才能完整消化、帶來成長。

步驟四：重新審視事件發生後會造成的結果

有時在狀況發生後，自卑情結的人會容易陷入負面思考，認為後續會有很嚴重的結果發生，將理性的想法填完後，再一次評估問題的嚴重性，有時會發現突發狀況不過是個小問題，不會導致嚴重的結果發生。

將以上四個步驟全部完成後，原本引導出自卑心態的觸發點就會被矯正，整個事件就會變成真正應該被呈現出來的樣貌。

接下來舉個例子解釋矯正錯誤思維的具體做法：

一名大學生在課堂上進行期末報告時，老師提了一個問題，負責報告的學生與他的組員沒能回答老師的提問，老師只是點點頭，既沒有笑也沒有發表意見，嚴肅的氣氛讓有自卑情結的當事人開始進入負面的思考中。

他在第一步驟中，簡單地提到老師問問題但沒有人能回答的狀況，他當下的心情是沮喪、羞恥、難堪和痛苦，他覺得都是自己上臺前準備不夠、自己的能力太差，才會導致老師問問題時自己只能

慌張回答，他覺得自己的成績肯定不好，學期名次一定會比上學期退步很多。

接下來，他可以試著比對自己與其他同組同學、他組同學的事情準備工作強度，他知道自己雖然只是負責上臺報告的工作，但依然在熟悉了組員準備的資料後進行了更多的資料查詢與補充，這是其他組上臺的同學都沒做到的事情。另外，他長期維持在年級前三名，能力不足這件事從客觀要素上分析是不成立的。而且整份報告中，大部分的內容老師都有點頭表示認可，不該只關注老師沒有表示的地方，沒有回應不代表一定是認同或否定，不該以他人的確切認同去判斷報告的優劣，也不該用回答不了問題的失敗經驗去預期難堪的結果。

第三步驟，這位學生就要開始向前推演，找出問題發生的原因。第一個原因，老師問的問題屬於課外範圍，每個人蒐集資料的方向不同，有些遺漏很正常；第二個原因，這是屬於另一個負責蒐集資料的同學工作不夠確實導致的，與上臺報告的人無關。

最後，學生可能會發現「問困難問題」是該位老師的教學特色，而且在問過學長姐後發現老師其實並不期待學生回答出正確答案，而是引出問題讓全班同學思考，再由自己進行講解，讓所有學生都可以試著更多方面地思考。所以，其實大多數同學都回答不了老師的問題，所有人都站在一樣的起始點上，自己並沒有輸給任何人，再加上整組在咖啡店討論報告時，老師曾經經過小組的旁邊，

並向大家打了個招呼,也溫和地在課外時間回答了組員們的提問,大家的努力老師一定能看到,老師不會直接以結果進行評分。

至此,這個有著自卑情結的同學將這個事件梳理完畢,又完成了一次還原事件真相的工作。當這個習慣維持下來後,他就會發現有些事情並不是自己做得不好才發生的,只要盡了最大的努力就值得被肯定,個人的價值不應該被結果所否定。

學會理性思考後,還可以再向前一步,了解很多事情就算沒有做好,也會有很多可以補救的方法,多嘗試幾次,或者參考別人的處理方式,就能發現帶來原生自卑與次生自卑的失敗經驗不會一直纏身,只要找到方法就能改變,且老是失敗並不代表一個人毫無長處、沒有優點,只是剛好沒有找到最適合自己的處理方法,還沒到時機罷了。

嘗試的過程中,還可以多觀察自己怎麼處理能更接近成功、自己做什麼事情雖然失敗但離目標最近,時間久了之後,就能更了解自己的思維與適合的做事方式、最擅長的領域與技能,不要看最後的結果去決定成敗,而是看自己怎麼做事更能輕鬆接近目標,將每一次的進步都是為一種成功。

利用進步提升自我價值感,就能為下一次的嘗試累積足夠的動力,增加成功的機會,讓自己進入提升自我價值的正向循環。

Plus 13
對長板效應的警示：邯鄲學步的故事

★ ★ ★

邯鄲學步的故事

在《莊子》的〈秋水〉篇中，簡單地提到過這樣的一個故事：

有一位來自燕國的少年，因為對趙國首都邯鄲城百姓們優美的姿態感到羨慕且嚮往，所以慕名前去趙國，想要學習邯鄲人走路時優雅的姿態，花費一段時間的模仿與學習後，燕國的少年不但沒有學會優美的走路姿勢，反而忘記了自己原本的走路方法，只能狼狽地放棄走路，「爬」回自己的家鄉。

這個故事取自戰國時的名家公孫龍與魏國公子魏牟的對話中，公孫龍曾經問了魏牟這樣的一段話：「龍少學先生之道，長而明仁義之行，合同異，雜堅白，然不然，可不可，困百家之知，窮眾口之辯，吾自以為至達已。今吾聞莊子之言，汒焉異之，不知論之不及與，知之弗若與？今吾無所開吾喙，敢問其方。」這段話充滿了公孫龍的傲氣與困惑不解，他認為自己在年輕時就學習古代先賢的

長板效應
Strengths-Based Development

思想，長大後已經非常了解仁義之道，除了學習範圍廣而深外，還有能夠使百家學者們困惑不解、夠使善辯的人們理屈辭窮的口才。

公孫龍認為自己是個通達事理、博聞善辯的人，但當他聽到了莊子的言論時卻怎麼樣都不能明白，只覺得莊子的理論令人困惑且無法理解。於是，公孫龍困惑地問魏牟，無法了解莊子的言論是否是因自己的學識不足？魏牟舉了井底之蛙的例子諷刺了公孫龍的見識淺薄與眼界狹小，認為他還不夠博學到足以通曉莊子言論玄妙之處，就算花工夫去學習，也只能學得皮毛，不可能完整地將莊子的學問全部學會。

最後，魏牟舉燕國少年到邯鄲學習走路姿勢的故事勸公孫龍別再試圖理解莊子，免得到最後不但不能學得他的學問，反而喪失了自己原有的主張，變得一無是處。

★ 盲目模仿他人長板會破壞自己的能力

魏牟勸公孫龍時提到的兩個故事：井底之蛙與邯鄲學步，前者是為了嚇阻高傲的公孫龍，讓他知道自己沒有想像中的那般優秀，而是有所不足的；後者是為了阻止公孫龍，想讓他知難而退，而不是繼續花時間在弄懂莊子的學問上，使原本就已經具有的技能和知識系統被破壞。

現實生活中，有不少人都與燕國少年、公孫龍一樣，對於他人

所展現出的專長、才能感到羨慕與嚮往，有些人會將這份渴望放在心裡，懂得欣賞別人的長處，因為他們是理智的，知道自己已經具有讓其他人羨慕的強項，不需要再增加其他多餘的技能；而有些人則是三心二意，每看到有人因為某項技能而獲得榮耀與掌聲，或者看到他人因為某個專長而閃閃發光的模樣時，就會興起想學習新技能的想法。想學習多樣的技能不是壞事，在現代的社會中，很多人都是從小就學習不同的才藝，鋼琴、素描、舞蹈、防身術……，在國小時，孩子們就常常在父母的支持下發展多元的愛好，並在各種興趣班中培養起五花八門的能力。

因為他人的光芒而決定開始鑽研新技能是很美好的，人天生就嚮往著光鮮亮麗的生活，追逐成功者的步伐走入一個全新的世界，也是增加人生豐富度的一種做法，但模仿他人走向一條未知的道路不一定能將成功復刻，更多人在選擇了不適合自己的路線後面臨了失敗，其中的一些人不僅沒能獲得成功，甚至還破壞了原先有希望取得成功的康莊大道。

當我們看到他人的優勢時，請先做以下評估，再決定是否嘗試學習新技能：

1. 我現在所擁有的優勢，會不會與新技能衝突？
2. 如果新技能會影響舊有的能力，那會以什麼形式產生影響？

針對這兩點，以下舉管樂樂器學習為例來說明。

不同的管樂器在吹奏時會有不同的口型，木管樂器中的長笛需

要找準角度,將原本會溢散開來的空氣吹入笛管中,利用空氣在管內、外震盪發出聲音;豎笛與薩克斯風需要含著吹口的簧片,利用簧片引起笛身內部的氣柱震動;銅管樂器則是利用氣流震動嘴唇,並利用樂器引發共鳴,導出聲音。

唇鳴樂器與非唇鳴樂器的吹奏口型差異極大,如果在已經擁有某一種樂器的吹奏基礎時開始學習另一種樂器,有可能造成原本熟悉的樂器出現口型被帶偏的問題。也許有些人在國中、小校內的管樂團學習樂器的演奏方法時,會聽老師說過上述的說法,當木管或銅管樂器的演奏者想學習另一種樂器時,兩者間的衝突是存在的,這兩種技能無法相輔相成,甚至會對彼此造成阻礙,不只會影響新技能的學習,還會破壞原技能的熟練度。

原技能的熟練度被破壞,就是一種影響的形式,但這種影響是可以被改善的,如果在學習新樂器時依然保留一些時間給舊樂器,兩者同時並進、一起練習,用大量的時間去習慣兩者間的差異與轉換方法,只要時間一長,這種互相影響的狀況就會消失。所以如果一個長笛演奏家想要學習長號的吹奏,他除了要花時間練習長號之外,還必須花同等或更多的時間維持長笛的熟練度,以確保面對兩種樂器間衝突的調整時間足夠,這樣才能在使兩種技能熟練的同時練習「轉換」這件事,久了之後就能了解如何轉換才是最輕鬆的。

所以管樂的新、舊樂器技能學習是可以考慮的,只要能確保有大量的空閒時間,這種技能的衝突就可以被無視。

如果是從學習某些技能的他人風格上去做評估，管樂器學習這種才藝學習中可以解決衝突的方法可能就無法被複製，只會帶來很極端的發展結果。

　　再舉漫畫畫風的建立為例，有些漫畫家雖然畫風稚嫩、線條簡單，但因為有自己的特色，加上故事的結構緊湊、有邏輯性，所以能在漫畫的市場中開創自己的一條路。但如果今天有一位這種類型的漫畫家，因為喜歡上另一位漫畫家唯美細緻的繪畫風格，於是決定要開始臨摹對方的作品、將對方的風格與自己的漫畫融合，產生新的個人風格，那麼這種學習是危險的，因為這位畫家原先線條簡單、童趣的繪畫風格也是屬於受大眾歡迎的原因之一，他想要做的事情是放棄自己的長板，用效果未知的模仿去取代原有的優勢。

　　參考別人的繪畫風格進行自我優化，時間一長就有可能讓原風格變得陌生，所以新技能與舊技能間明顯是衝突、彼此不可兼容的，如果開始了新畫風的養成，就代表必須放棄過去的繪畫風格。

　　如果轉型失敗，就代表不僅沒有將華麗精細的風格學起來，還拋棄了童稚的風格，變成四不像、畫虎類犬的狀態，此時的狀況是：不夠華麗的風格沒辦法吸引新讀者，舊讀者也可能會因為陌生的畫風而被勸退，漫畫家就必須面臨兩頭不討好的窘境。就算轉型成功，發展出了新的華麗風格，也不能保證這類風格的愛好者會被劇情吸引並放棄其他同類型作家的作品，選擇自己的作品，但舊讀者們可能會因為「情懷」的消失而慢慢放棄，找尋其他可以喚起回

長板效應
Strengths-Based Development

憶的替代者。這種影響是巨大的，舊讀者群體的離去，代表著新風格需要花時間培養新的讀者客群，需要像新人期一樣從頭來過，有些人甚至會從此失去機會，再也達不到與過去相同的地位。

很多人會因為羨慕別人身上的光環，然後片面地認為成功者之所以能得到名與利，都是因為身懷特殊技能所造就的。事實上，這些成就是因為特定的「人」與特定的「能力」組成，優勢被恰當地應用，才能將一個人推上頂點，成為人們眼中最耀眼的存在。

★ 將目光放回自己身上

每個人都有自己的優勢，當你的目光追隨著某個閃耀的成功者、迫切地想要成為他時，也可能有人正遠遠地望著你，用羨慕的眼光渴求著你身上所展示出的優點，有時候只要將目光收回來，低頭看看自己，就能看見自己身上被忽略已久的微光。

不要因為太陽的熾熱與溫暖就緊追著它、想成為和它一樣光芒萬丈的存在，我們可以讓黑夜舞台染上點點星光，在這個寬廣的舞台上盡己所能，用自己的長板在無邊無際的歷史長河中，成為最獨特的一顆星星。

PART 2

彼得原理

　　源自教育學家勞倫斯・彼得（Laurence J. Peter）於 1969 年提出的管理學理論，核心論點是：在一個階層制度中，員工傾向被晉升到他們「無法勝任的職位」，最終達到無能的頂點。這是因為：職位升遷的標準常是「過去表現」而不是「未來職能」，導致人才錯配。

　　不是每個人都適合當主管，彼得原理提醒我們：升遷不代表成長。別讓自己卡在不適任的位置上，選擇對齊優勢才是長久之道。彼得原理在職場處處可見，但你可以選擇另一條路——發展你的長板，而非一味往上爬。

PETER PRINCIPLE

彼得原理
Peter
　　Principle

What & Why
1

「彼得原理」背後的故事

★ ★ ★

　　你一定聽過「孔明揮淚斬馬謖」的故事吧！《三國演義》中「孔明揮淚斬馬謖」的橋段，講的是諸葛亮錯用馬謖領兵防守街亭以抗曹魏，馬謖臨陣慌亂，最終戰敗，孔明不得不依軍法揮淚將其處斬的一段故事。為何說諸葛亮用人不當？是馬謖沒有才幹嗎？事實上，馬謖是有才幹的。

　　諸葛亮在平定南蠻時，便是聽從馬謖的分析，認為南蠻是化外之民，不易收服，平定後再反叛的機率很高，因此最好「攻心為上，攻城為下」，最後七擒七縱孟獲，收服人心，穩定了南方，使蜀國得以全心北伐曹魏。另外，在魏明帝曹叡準備重用司馬懿攻打蜀國，諸葛亮深感憂慮時，馬謖又向諸葛亮獻計，散佈司馬懿將謀反的流言，使曹叡削去司馬懿官職。

　　能提出這兩個起戰略作用的策謀，馬謖無疑是個人才。諸葛亮錯在「量才不準」，他讓一個好參謀，在緊要關頭出任作戰指揮官，馬謖因能力不足以勝任而戰敗。

參謀和指揮是兩種不同職能，前者只需出謀獻策，沒有決定權，對成敗不須負直接責任；後者則必須根據軍情與參謀建議，發號施令，對戰爭成敗負直接責任。任用馬謖守街亭時，諸葛亮決策的基礎在於馬謖當參軍時的表現，卻忽略了他缺乏指揮部隊的經驗。即使聰明如諸葛亮與馬謖，也不免掉入「彼得原理」的陷阱。

　　再舉一個彼得原理在歷史中的印證——滑鐵盧事件。

　　我們一聽到滑鐵盧，第一時間想到的就是拿破崙，只是我們不知道的是導致滑鐵盧事件的關鍵人物是一名叫做格魯希的人，他是拿破崙時期法國的元帥。

　　1815年6月18日上午11時，滑鐵盧的激烈戰鬥使拿破崙率領的法軍和惠靈頓率領的英軍都傷亡慘重，雙方都在焦急地等待援軍！然而拿破崙的部隊很快全線崩潰：因為布呂歇爾元帥率領的普魯士軍隊很快趕到，而法軍元帥格魯希的援軍卻遲遲未見蹤影。

　　那麼格魯希到哪裡去了呢？

　　在滑鐵盧戰役開打時，奉拿破崙之命追尋普軍的元帥格魯希就在幾英里之外。當一聲聲沉悶的炮聲傳來時，所有人都意識到重大戰役已經開始，幾名將軍急切地要求格魯希命令部隊火速增援拿破崙。然而格魯希膽小怕事地死抱著寫在紙上的條文——皇帝的命令：追擊撤退的普軍。

　　正是由於格魯希元帥的不稱職，才導致拿破崙政治生命的結束。但這樣一個不稱職的人又是如何被放在這樣一個決定歷史的位

彼得原理
Peter Principle

置的呢？

　　格魯希是一名老實可靠、循規蹈矩的老兵，他不是氣吞山河的英雄，也不是運籌帷幄的謀士，他從戎二十年，參加過從西班牙到俄國，從尼德蘭（荷蘭）到義大利的各種戰役。他經過二十年戰爭的煎熬，水到渠成地一級一級地升到元帥的軍銜。在此前的經歷中，誰也不能說他不稱職，但真正使他登上元帥寶座的，卻是奧地利人的子彈、埃及的烈日、阿拉伯人的匕首、俄國的嚴寒，這些使他的前任相繼喪命，從而為他騰出了空位。

　　研究格魯希的升遷經歷，我們可以得出一千種結論和啟示，然而最能解釋他的升遷與滑鐵盧慘敗的，莫過於「彼得原理」：在各種組織中，由於習慣於對在某個等級上稱職的人員進行晉升提拔，因而職員總是趨向於晉升到其不稱職的地位。

　　「彼得原理」乃由教育學家勞倫斯・彼得（Laurence Peter）所提出，同名書籍《彼得原理》一書成於1968年，於1969年出版，彼得在大學任教於教育相關的科系，但他在觀察到組織中常見的一些弊病後，將這些存在於各種組織、公司中的現象整理成書，用來解釋各種職場容易發生的問題與導致這些問題的原因。這本書讓教育界的彼得就這樣成為了管理學界的重要人物，許多公司或管理學相關的培訓課程中也都會提及他的理論，並探討在很多公司中都能看見的狀況。

　　「彼得原理」的主要意義是：每個人在身處的公司中，都會

一直不停地升遷，直到升上他無法勝任的位置為止，因此彼得原理也被稱為「向上爬」原理。在一個公司中，如果沒能及時發現問題並進行處理，最後每個位置上都是無法勝任該職位工作內容的「無能者」，不僅無法有效地領導下屬，還會有無法完成上級交付的任務，導致整個團隊都處在業績不達標、工作效率極低的狀態中。

在一家企業或公司中，每一名員工都有他的職場晉升指數（PQ-PromotionQuotient），當他被提升到他的彼得高位時，他的PQ值即為零。可以說彼得高位類似於我們經常提到的職業天花板。

大多數的公司在安排管理職的接任者、找人填補退休人員或離職員工的位置時，都傾向從低一階的員工中挑選能力最優秀的那個人去接任目前空缺的職位，一個人被調動，通常就代表在他之下的、一整條人員鏈的人事調整，每個層級中最優秀的成員被依序往上調動，直到基層員工裡最優秀的那個人被提升到小團隊主管的位置，人事調動才會停止。從直覺上來說，將每個位置上最優秀的人才往上調升是正確的做法，但這樣的做法會忽略掉很多其他應該注意的問題，使原本能力出色、為公司帶來很多貢獻的成員變成不適任的領導，既損失了一名優質的人力，又創造出了一個讓團隊怨聲載道的差勁管理者。

用升遷做為出色工作表現的獎勵，很容易將不適任者拉到他們無法發揮個人能力的位置上，因為每個職位都有它相對應的能力，畢竟人無完人，就算你才高八斗，學富五車，上知天文，下通地

彼得原理
Peter Principle

理，你總會有一塊自己不擅長甚至從未接觸過的領域。一名好的服務生不一定能成為好的餐廳經理，手腳俐落、送餐有效率以及對顧客有親和力並不是餐廳經理需要的能力，能夠將每位餐廳員工放到他們適合的位置上、有效管理手下人員的工作配置才是在這個工作崗位所需要的技能。

如果一名普通的職員於在職期間表現得最好，就很有可能獲得升遷的機會，當他很幸運地能勝任自己的新工作，讓下屬能在工作中發揮最大實力、彼此默契配合，那麼由這位員工所領導的團隊就會有超過其他團隊的突出表現，在他的上司眼裡他的能力可能遠不只於此，也許還能再往上調動，才不浪費優秀的人才。隨著一級一級地向上升遷，這名被升到中階主管位置的員工逐漸感受到每個職位的差異，地位越高，要經手的業務、了解的事物也會同步增加，原本能與十名下屬和諧相處、了解每一個人的特長並分配工作，但因為手下的人員增加到了一百人，超越了他的極限，也因管理的單位增加了，更需要將每個部門的工作內容爛熟於心。漸漸到達了他所能負荷的能力上限，這名中階主管每天在工作上忙得焦頭爛額，他比過去加倍努力、將所有的精力都放在工作上，但這種將自己完全奉獻給工作的做法非但未能拯救不斷下滑的工作效率，反而讓工作壓力急遽升高，各種伴隨著焦慮與過度疲勞的健康問題接踵而來，讓這位沒有能力承擔中階主管職責的員工各種大小病不斷。

他開始意識到自己再怎麼努力都無法像過去一樣表現良好，只

能看著其他與自己同級的同事們用更少的時間與精神完成比自己更多的工作，就算再怎麼拚命，也得不到再升一級的機會。於是，他開始放慢了步調，常常是臨近工作期限，才草草將工作完成，不做多餘的努力。

這位職員慢慢地變成了上司口中無能的下屬，上司因為不滿意他的工作效率而訓話時，他會默默地低著頭，聽著上司的訓斥點頭敷衍，雖然短時間內會恢復高強度工作應付上司，一旦時間再次拉長，就會回到擺爛的狀態下直到被罵為止。他也是下屬口中的無用上司，員工們抱怨他每次的決策都流於形式沒有實質助益，工作量看起來很大但無法讓業績進步，甚至與公司的發展方向脫節，跟不上公司整體的發展。因為錯誤的工作分配，所有人的績效數據都不好，而下屬們對於付出那麼多心力卻無法累積資歷的狀況也很不滿，部分「我來做一定能做得更好的聲音」開始出現，有些人甚至開始用陰謀論揣測這位中階主管的想法，認為他一定是怕有人搶了他的位子，所以故意打壓下屬、讓大家無法出頭，他才能坐穩高位。

最後，這位實際上很善良、希望所有人都一起成長的主管終於受不了良心的譴責、上司的失望與下屬們憎惡的目光，在又一次生了一場大病後想開了，主動向公司提出辭職，決定離開這個壓力過大的職位，換一個相對輕鬆能勝任的工作。這一次，他只想要成為一個與所有下屬都和諧相處的小主管，而不是成為一個無法對公司負責，也無法領導員工成長的中階主管。

彼得原理
Peter Principle

　　一般來說，這個主管最後的決定已經算是最好的了，他的退讓保全了自己的名聲，至少留下了一個平庸但不算難聽的評價，也對得起自己的良心，不用因為成為拖累他人的累贅而充滿罪惡感。最重要的是，他適時地為自己與公司止損，避免因為自己的無能而使公司出現嚴重的經營問題，不讓自己的履歷留下異常難看的紀錄。雖然他在這個職位上並沒有帶來什麼貢獻，但辭職、換工作的作為，拯救了自己也救了其他人。

　　這就是彼得原理在組織中所表現的方式，用一個人的優秀表現、付出程度做為升職的依據，或者以升遷作為獎勵，將員工一步步抬上到他們無法坐穩的位置上，總有一天不是員工發現個人的限制並感受到壓力，主動要求離職，讓公司失去一名優秀基層人才，就是讓員工在不適合的職位上逐漸變成一顆地雷，當有一天重要的工作交付到他手上時，他就變成了雷區，讓公司因為某項特定專案的失誤而遭受嚴重的損失。

What & Why 2

優秀的下屬為何會成為平庸的上司？

★ ★ ★

⭐ 蒙上了陰影的閃耀寶石

從「彼得原理」中可以看到，有許多人在原先的工作崗位上是個能力出眾、永遠能交出好看業績的優秀員工，深受上司信賴，與同事間的相處也非常和睦，同樣的工作內容，他們只需要的一半時間就能完成，剩餘的時間還能用來幫助其他同事，讓整個職場氛圍維持在和諧積極的狀態下。

這些人雖然不是主管，但卻是非常優秀的協調者，不僅在工作上表現得極好，在人際社交上也八面玲瓏，像個太陽一樣給所有人溫暖，只要大家需要，永遠都能找他們幫忙，但又不會因為過度熱心而為他人帶來壓力。這麼耀眼的人很容易被上級看重，將重要的工作以及能累積資歷的任務交給他，他們通常都可以很輕鬆地將這些工作完成，所以一旦有升遷機會時，最有可能優先被挑中的就會是這群人。

彼得原理
Peter
Principle

但就如前文所提到的那樣，有很多在基層時表現極好、能夠讓上司滿意的員工，當職位提升到某一個層級時突然像變了一個人，他們不僅表現不再良好，甚至逐漸變得平庸，不只工作能力衰退，甚至與上司、同事與下屬間的關係也不再像往常那麼融洽，而是變得緊張、隨時會爆發衝突，或者有不滿、嫉妒或鄙視的負面情緒隱隱地藏在暗處，讓所有人都無法安心上班。

這些人明明已經用曾經的功勳證明了自己是顆耀眼的寶石，但為何只是換了個位置，這個寶石就染上了一層陰影，就像是變成了無法反射出耀眼光芒的普通石頭呢？

新的職位代表需要新的技能

在基層工作時，我們所具備的能力是畢業後就已經儲備的基本能力，例如：廚師是憑藉著餐飲業相關的證照找到的餐廚工作，護理師是憑藉著過去學習的醫護能力找到的照護工作，老師則是在大學間修習教育學程，在經過各種實習與考試後取得的教師資格，大家學習的項目都是各自的專業中需要的能力，在進入職場時，很少有人是從一開始就抱著「成為管理者」的野心在挑選工作的，所以升職成為主管後，所欠缺的管理技能就會成為新晉管理者的弱點，因為這相當於是在沒有老師的情況下從頭開始摸索，有一種被趕鴨子上架的狼狽感。

雖然還是處於同一個體系、同一家公司下，但不同的位置就需要不同的技能，大廚與學徒相比，除了要會基本的料理外，還要知道如何分配工作給廚房裡的其他人，才能更有效率地出餐；護理長除了基本的看數據、吊點滴外，還要知道如何對新進的護理師進行培訓、安排病床分配及病患的照顧，甚至還要進行行政管理工作，工作內容跨度極廣。

　　這些工作在基層身分下是完全用不到的，但隨著職位層級的增加，管理的重要性會逐漸增加，且開始將相處重心從同事拉到上司身上，必須開始學習如何向上司匯報團隊的業績與計畫，並將上司的要求簡單地發配給下屬們，讓大家都能清楚了解上級們的要求。當升遷到了一定的高度時，管理能力的重要性甚至會超過原先熟悉的基本工作，沒有提前先儲備管理技能就會變得很辛苦，此時不僅要向下管理，同時也要向上管理！而原先的能力是無法在新職位上派上用場。

　　隨著頭銜的提高，若沒有新的對應技能接續上，就等於是赤手空拳去打老虎，充滿了危險，就算真的能克服，也會變得狼狽不堪，每天都在這個職位上勞累到極致，日日都有各種壓力壓在頭上，但事情卻無法完美解決。

彼得原理
Peter Principle

⭐ 追隨者與領導者

　　與領導者性格相反的是追隨者性格，這類人擅長服從規矩、完成任務，他們需要極高的約束力，甚至可能樂於被人約束；他們擅長執行上級的命令，只要能給他們一個明確的任務或方向，他們就能做到使命必達、有求必應。這類型的人一旦升遷，坐上了自主性更高、需要為自己和下屬安排任務的位置，他們很可能會變成有毒的領導者類型。

　　因為一直以來都是由上司安排任務、分配時間給他們，所以他們不知道要如何交代任務給下屬，合理地去估算每個人完成任務需要的時間，也不知道要如何將所有人的任務做整合，在上級主管要求的時間內帶領整個小隊完成任務。他們也有可能在分配任務時將工作量極不平均地分給每個人，有的人多、有的人少，造成有些下屬工作量過大，忙得焦頭爛額；有的下屬工作量過少，早早地就開始摸魚裝忙。有的不適任領導習慣了乖乖等待工作分配的模式，他們會一次又一次地向上司確認自己的做法是否正確，當下屬提出疑問時，他們也會一問三不知，變成上司與下屬間的傳話筒，將下屬的疑問原封不動地拿去詢問上司，彷彿這個中間主管毫無作用。

　　如此反覆，下屬的進度被大幅度地拖延，上司的時間也在不斷地解答中被浪費，證明了這次的升遷是無效的。

　　好的追隨者往往不會成為好的領導者，而有些具有領導潛力的

基層人員，也不見得會成為好的管理者。有些人具有的領導潛力，遠超一般管理者，這種人需要的不是升遷，而是離開現有的公司，去創造屬於自己的天地。他們往往有著較為靈活、有效率的思維與做事方法，在面對不同的狀況時可以想出許多不同的處理方式，不受條列式的死板框架與規定所管束，當其他人乖乖地複製上司或前輩的方法去做事時，他們會直接將目光盯著最終目標，嘗試並找出能帶來最大效益的做法，用別人所需的一半時間去完成工作。但一般的傳統企業、重視紀律的工作單位並不需要與眾不同，這種能力遠超出現有等級的人物，會在適任的職位被淘汰掉，因為他會成為其他人所恐懼的強者，威脅到慣例和規章制度，破壞和諧穩定的狀態。

在《彼得原理》中提到一名優秀的快遞員，他能夠按照紅燈的時間、路線的長度等去系統化自己的快遞工作，以求最快完成任務，並妥善利用剩餘的時間去做對自己有意義的事情，他甚至會為同事們規劃路線，卻因故被公司給開除了。雖然這名快遞員不被舊公司所接納，但他的優秀依然是無庸置疑的，所以在離開老東家之後，他成立了自己的快遞公司，並成功將老東家從市場上淘汰掉。這就是具有領導潛力但不適合做管理職的原因，因為真正適合他的位置是「公司領導者」，而不是其他屈居於他人之下的管理者位置，他們必須跳脫既有的體制，去建立一個適合自己的地盤。

What & Why 3
不適任者會出現的現象

★ ★ ★

🚩 不適任者的類別

許多人在升上了自己無法勝任的職位時，會開始出現各種問題，這些問題會從不同的方面顯露出來，為當事人和其身邊的同事、家人帶來困擾。

1 生理

當一個人所處的職位超出了生理上的適任等級時，身體就會開始出現各式各樣的狀況，一般來說，生理上無法負荷當前職位的人，會出現的健康問題如下：

消化系統問題：消化性潰瘍、便祕、腹瀉、頻尿、腸躁症等。

心血管疾病：高血壓、心律不整等。

自律神經問題：失眠、耳鳴、頭暈、慢性疲勞、食慾增加或減退等。

這些症狀不一定能檢查出具體的器官損害，但當事人的工作效率會隨著症狀對精神的影響程度而下降，就算短期內還能應付上級交派的任務，但時間一長就容易出差錯，隨著健康問題的日益嚴重，除了犯下的錯誤會逐漸變得離譜之外，身體的損傷也有可能變成永久性的，就算之後換工作，也無法恢復如初。

2 社交能力

　　社交也是決定一個人在某個職位等級上是否適任的標準之一，一般來說，職位越低對社交能力的需求越低，因為基層只需做到為自己負責、達成直屬上司的要求即可，對於同事，只要能做到互不干涉、不干擾其他人作業就可以了，如果能做到八面玲瓏、面面俱到當然最好，但一般來說只要能順利地、有效率地完成自己的工作就很不錯了。

　　但對於高階管理者來說，他們要積極去了解領導者、客戶的要求，知道他們的性格、底線，在領導者與客戶們的要求不合理時，以適合他們性格的方式去為下屬們爭取適當的工作分量，既不能因為直接拒絕惹怒上級，也不能全盤接受上司的要求，讓下屬們的不滿被超量的工作挑起來。坐在越高的職位上，要面對的人物越有錢、有權，所以必須更加小心應對，沒有長袖善舞的社交能力，就無法穩穩地坐在高位上。

❸ 情感控制能力

　　情感的控制能力，也會決定一個人的適任等級，情感控制包含共情能力、理性、脾氣控制等，如果有人身為公司的決策者，卻用嚴苛且不理性的道德標準去約束自己與他人，那麼在選擇合作對象時，他就無法用理性的思考方式去衡量誰能給公司帶來更大的利益，而是會先用道德標準與個人喜好去判斷，使得公司無法從一段合作關係中獲得最大化的利益；如果一名管理者的共情能力過強，他就有可能在處理員工之間的衝突時失去理智，當A員工敘述B員工愛挑毛病時，管理者可能會共情A的壓力，認為B不近人情，但在B抱怨A做事隨便，工作總是馬馬虎虎時，又會共情B的不甘，認為A是拖團隊後腿的罪魁禍首。

　　無法控制自己的情感、容易被非理性的想法所控制的人，無法成為一個稱職的決策者，所有人會被他的情緒帶著走，他的所有選擇或決策都沒有一個可靠的依據。

❹ 心智能力

　　心智能力指的是應對一個職位所需要的專業能力，例如：人資所需要的能力是了解公司底下每個單位的發展狀態、具體工作內容，然後將這些部分轉換思考，分析什麼能力可以處理公司現有的狀況，如果今天公司要發展海外市場，人資基本都會意識到公司需要會多種語言的人才，再更深入去想就會意識到不同國家會有不同

的文化與風俗，所以除了要選擇擅長外語的人才之外，還要選擇有市場分析能力與文化考察能力的人員，他們在面對不同的風俗習慣時，可以設計出最適合當地的廣告與包裝，讓商品能在海外銷售得更好。

將發展海外市場直接與擅長外語畫上等號的人資，就是在自己的工作崗位上沒有足夠的心智、專業能力去考慮公司需要什麼樣的人才，這樣的人資若是讓他們坐上人資部門管理者的位置，日後為公司招入的人員適配度會非常有限，運氣好一點瞎貓碰上死耗子，招來了能考察市場的人才；運氣壞一點，就只找到僅具備語言能力但不懂市場分析的「翻譯」，除了能與外國人交流外沒有任何用處。

以上四個類別，可以舉一個小例子做總結：

一名中階主管被提拔到副總的位置，被趕鴨子上架的新副總開始感受到了與過去的職位完全不同的工作強度，他每天要面對的人變得更多、要處理的事情也增加了，由於總是擔心自己做不好、對自己已經完成的工作始終不滿意，導致他開始整夜整夜的失眠，加上過度緊張而出現了偏頭痛、食欲不振的問題，整個人看起來也憔悴許多。他的生理狀態達到了自己不適任的等級，身體開始扛不住這個職位所帶來的工作壓力。

在總經理的建議與許可下，公司在副總職位下增設了副總秘

書的職位，秘書是個擅長處理文書資料與時間規劃的人，卻不擅長與人溝通，也不擅長人際互動，所以他無法有效地將一般行政工作人員的需求及時傳達給上司，也沒辦法在副總與其他上級交付過多任務時扛起壓力，有效地將中下階級主管與基層現在的狀況傳達給上級主管，甚至在接待貴賓時，他也會在端茶倒水後就站在原地發呆，不會更進一步地了解貴賓的需求。在社交的能力上，這位秘書達到了不適任等級，他在為主管做規劃、整理會議記錄等方面也許能做得很好，但他無法做好銜接上下級的工作，他扛不住上級的期待與壓力，也無法從與下屬的互動中得出下屬工作量過大的資訊，所以下屬對於過大的工作量愈發不滿，開始有人辭職、擺爛，上司也不能理解為何每次任務傳達下去後，明明都沒有人覺得工作量、工作內容有問題，但每一次完成後的成果都不太理想。許多賓客也會在私下向副總表達對秘書的不滿，認為他不稱職。

除了秘書不能做好上下級的銜接工作之外，這家公司也有基層人員的能力不符合公司需求的問題，基層人員就像是馬戲團一樣，有擅長多國語言的、有十幾張程式設計證照的、有學習美術十幾年的，也有只會端茶倒水的。這個現象的罪魁禍首來自於同理心豐沛的人資主管，他在挑選應聘履歷時，總是優先選擇看起來非常可憐的對象，對於那些在個人簡歷上洋洋灑灑地寫著自己的經歷和能力的人，這名主管會一邊挑剔嘲諷，一邊將資料放在角落，與他人一起討論應徵者的自以為是；而應聘資料上描述著辛酸過往遭遇、如

今生活艱難的人，這名主管會滿懷著同情心而錄用他們，因此這間公司的基層充滿了單親家庭的父母、要孝養久病雙親的獨子、省吃儉用收留流浪貓狗的好心人與曾經被校園霸凌的受害者，他們有的人能力符合公司的需求，但大多數並非如此，他們唯一的共通點就是都都需要被同情，但這些不順遂的經歷並不能為工作帶來實質上的幫助。

這位人資主管的情感控制能力達到了不適任等級，他的同情心泛濫，無法理性對待自己的工作，人資主管的位置，變成了他滿足「助人為樂」成就感的工具。

最後，災難般的人資主管招來的基層人員，大多都是不適合這家公司的人，美術生、程式設計工程師，以及性格內向的高中學歷者，這些偏向文靜、內向的人不懂得要如何與客戶溝通、說服他們購買商品，所以商品大都賣不掉，他們的專業能力（心智能力）達到了不適任的等級，無法勝任銷售商品的工作。

最後這家公司被這些不適合的基層人員所拖累，銷售業績大幅衰退，且因為秘書的社交能力問題，所以這件事情沒有被及時反應，於是在開會檢討公司營運狀況時，看著降至谷底的商品銷量，終於發現公司出問題的副總失眠更嚴重、更加吃不下飯了，人也變得越加消瘦，嚴重的健康狀況使得他不得不離職回家休養，公司也發現了問題，將人資主管降級成一般人資，另外推派更加理性、更能全面看出公司人才需求的人，並將無用的基層人員資遣，廣招新

彼得原理
Peter
Principle

人填補空出來的職位,而秘書也因為副總的離職而被降回到一般行政人員的位置,能夠繼續做著自己擅長的事情,不用再處理來自上下級的社交壓力,著實令他鬆了一口氣。

⭐ 最終職位症候群與各式醫療手段

不適任者不等於無能者,但因為表現出來的工作成果無法令人滿意,所以在這些不適任者的眼中,他們之中有部分的人難以接受這件事情,所以會用更多的工作、更拚命的加班與努力來淹沒自己,因此就算一開始並非在生理上達到不適任等級,最終也會從健康狀況上反應出來,彼得教授將這樣的健康狀況稱為「最終職位症候群」,這種病雖然沒有被醫學界認可,卻貼切地為找不到病源的各式疑難雜症找到合理的解釋。

當不管多麼努力都無法取得下一步的升遷、無法獲得更多成就時,當事者就會開始用各種方法去轉移注意,或者重新解釋自己的不適任現象,這是生物本能的自我防衛機制,用來保護受到威脅的心理狀態。健康問題通常是很好的藉口,對於不知道自己是不適任而非無能的人來說,他們會用倒因為果的方式,將不適任症候群的症狀說成是導致工作效率不彰的原因,用來否定「無能」的自我認知,有效地包裝自己的不適任現象。

而對於他們的健康狀況以及對不適任的包裝,一般醫生會有幾

種處理手段：

第一種是全盤接受與勸導，當不適任者因為壓力帶來的症狀而求醫時，有的醫生會全盤相信患者的說法，找不出症狀來源，那就開藥將症狀壓下，協助患者擺脫不致命但煩人的小病，提高生活與工作品質，但這些症狀在藥物生效時能被改善，藥效一過就會再次影響病人。有時醫生勸導病人，像是：「你應該要放鬆一點」、「再努力下去會沒命的」、「你不應該試圖解決所有問題」，但這些勸誡對於最終職位症候群的人來說是不痛不癢的，只要無法升遷，他們就會覺得自己處於瓶頸期，必須更拚命去爭取更好的表現，這種焦慮會讓他們無法聽進外界的聲音，只能深陷在無盡的擔憂上。因為工作上無法取得進展，所以不適任者的焦慮沒有解決方法，常常是以不健康的管道抒發壓力，如：抽菸、酗酒、吃宵夜、不適當的性行為等，這些問題不僅無法完全解決工作壓力帶來的毛病，甚至容易進一步誘發更為嚴重的疾病。

第二種醫生在為患者做檢查後，確認患者並無實際病灶，接著就會將事實告知患者，但從患者的視角中，不舒服的狀況是真的，或者他們潛意識中渴望「生病」這件事的存在，能為工作表現不佳找到藉口。如果誠實告知，為小症狀所苦的患者會認為醫生的醫術不好而不停地換醫生，甚至向沒有證照的庸醫求助，造成更嚴重的問題。有些特別極端的患者會傷害自己或偷改病歷去維持自己生病的表象，這在心理學上被稱為「孟喬森症候群」。因為會帶來的問題

彼得原理 Peter Principle

無法預測,所以告知真相不是處理最終職位症候群的最佳方式。

最後一種醫生在處理不適任者的健康問題時,會試著轉移當事人的關注點,建議他們培養工作外的第二興趣,藉此轉移患者因工作上的無成就而引發的焦慮問題,如:讓有一定經濟實力的患者培養高爾夫、馬術等愛好,說服患者開始進行塗鴉、筆記本手作、毛線編織、拼圖等能靜下心的靜態活動,或者是讓患者開始固定玩手機遊戲、網路遊戲或 Switch 遊戲等。藉著工作外愛好的進行,最終職位症候群的患者會將在工作上取得成就的期待轉移到愛好上,馬術愛好者從只敢慢慢前行變成能夠縱馬奔馳、毛線編織者從不停漏針到能夠編出完整的毛衣、網路遊戲從新手村走到建立自己的公會等,這些額外活動沒有業績壓力,也沒有階級與比較壓力,所以能用自己的步調去培養成就感,能有效釋放壓力。

不適任者的行為狀態

不管是意識到還是沒有意識到自己陷入最終職位症候群的患者,都有可能出現以下幾種重複性的行為,來轉移自己已經達到最終職位的問題,藉此排解工作上的壓力與問題。

1 辦公桌調整

不適任者在上班時,容易將注意力放在工作之外,而這些能吸

引注意力的東西,都是在個人的辦公桌範圍裡。

不論是紙本還是電子檔案,這些身處不適任位置上的人都會有異常的整理欲望,他們會一直檢查歷史文件,讓自己看起來非常忙碌,但事實上他並沒有什麼工作產出,只是藉著越來越整齊的文件塑造努力工作的假象。在處理紙本檔案時,有些人會對紙張抱有恐懼,恨不得清空桌面,因為桌子上的紙堆會時刻提醒著他們,讓他們想起對這些工作的無能為力;有些人則是對於被紙張占滿的桌面抱有熱情,因為滿溢的桌面會令他們看起來就像是分配到更多工作,他們需要相信自己過得很充實、忙碌,才能消除掉對於不適任的恐懼。

❷ 有問題的心理狀態

不適任者常常會有幾種心理問題,首先是顧影自憐,他們覺得不被理解、對於自己的「懷才不遇」耿耿於懷,常常會懷念過去意氣風發的時期、想念努力與優秀能輕易被上司察覺的過往,但他們所懷念的時期通常是在最終職位還未來臨的時期,也就是還在適任等級上的時候。這些人總是抱怨不停,他們不喜歡目前的職位與工作狀態,但也不願意承認有人比自己更適合目前的職位、能取代自己的位置。

還有一些人會開始喜歡繪製圖表,最終職位症候群患者在開會時一定會站起來畫圖,就算是非常非常簡單,兩句話就能解釋清楚

的概念，也會要求報告者畫圖或者自己上手做示範，增加沒必要的時間浪費。他們最重視的就是工作流程圖，會強調自己設計的流程圖的重要性，並要求全部人員照做，也不管會不會降低全體的工作效率，對他們來說，死板的流程圖就是信仰，保證全員按照流程圖作業彷彿變成了他們存在的意義，優先級高於手邊現有的工作。

還有一些人會出現「搖擺不定症候群」，這些人因為對優缺點的評估錙銖必較，所以出現了選擇障礙，使得應該決定好的事情被拖延。他們會用民主化或為了長遠的發展、謹慎考量的藉口，去合理化不負責任的行為。例如：對下屬說一句「這種小事不要拿來問我」，強迫下屬必須處理責任範圍外的任務；找出任務中不同於常態的小細節，名正言順地以「跟平常不同」的藉口，將決定的工作交給上司；將應該自行決策的事物用變種的「民意調查」去向外推卸，要求同事和所有人幫自己做決定。他們往往是把問題放著，而那些受不了的人自然就會處理。

另外還有一些人熱衷於開玩笑、插科打諢，藉由活躍氣氛的藉口，避免面對讓人充滿挫折的工作。

❸ 無意識的行為與奇怪的習慣動作

員工到達最終職位後，通常會出現無意識的行為或怪習慣。如：用筆尖敲擊桌面、抖腳抖到椅子發出聲音等。這些動作極有可能是人在面對壓力時不自覺產生的抒壓動作，可以證明一個人的身

心處於緊繃狀態中。

❹ 口語習慣

有些人到最終職位後，會開始出現特殊的口語習慣，以遮掩能力不足的狀況，試圖為自己創造出專家與精英的特殊形象。

第一種是奇怪的口語簡略，例如，有一位不適任的上司，當他介紹某位「名為弗烈德里克‧奧維爾‧布蘭斯沃西，現居紐約，為布達克大學教學資源中心的執行與協調專員，負責有關聯邦802號法案的相關工作。」的人，可能會縮減成「弗奧布現居紐，為布大教資執協員，負責802工作」，這會讓聽者一頭霧水、聽不懂他所想表達的意思，但在那位不適任者眼中，他只覺得這刻意增加的神秘感會令人印象深刻，對下屬們的困擾卻一無所知。

第二種奇怪的口語習慣，來自於工作上的無力感，曾經努力過卻始終看不到改變，就會讓人開始懈怠，思考頻率大減。因為怠於思考，就會習慣用模式化的發言與固定的話術去敷衍下屬，這些發言通常篇幅冗長但沒有什麼內涵，能適用於各種場合、各種客群，只要依據不同的對象與場面去調整就好。他們重覆性的發言可能如下：

「目前的狀況大概是這樣，有一些小地方有點問題，不過沒關係，改一改之後有個大概的觀念就可以了……這邊概念很抽象，不好解釋，但反正基本就是那樣，有些地方可能怪怪的需要改，我現

在一時也說不上來，你們在操作的時候注意一下就對了，這種問題真的很難描述⋯⋯唉呀這個地方改了，這裡那裡就出問題，沒辦法做到完美，你們要懂得取捨，反正盡量完成就好。」

這種發言會用「很難解釋」、「取捨」之類的詞句去帶過，既暗示了自己說不出建設性發言的原因是事情很複雜，也順便表示這個任務無法盡善盡美，做不好很正常，因為他們不想動腦，所以先在下屬的腦袋裡塞入這份工作很困難、很難清楚陳述的印象，讓下屬對於空洞的發言不抱有懷疑，並在日後自己做得不好時，將問題歸咎在事情的難度上，避免被質疑能力有問題。

當以上症狀出現時，通常代表著當事人已經成為了最終職位症候群的患者，當達到不適任等級時，雖然可以選擇面對殘酷的現實更加努力工作，但到達不適任等級後再怎麼努力都無法改變，只會增加無謂的焦慮，所以並不是一個很好的做法。

What & Why
4

AI時代的彼得原理現象

★ ★ ★

「彼得原理」指出：「在層級制度中，每位員工終將晉升到自己無法勝任的職位。」這在傳統管理模式下常見，因為升遷通常基於個人過去的績效表現，而非新職位所需的能力。

AI時代的今日，AI的發展正在改變這種情況，善於運用AI工具的員工能夠大幅提升工作效率，能處理更複雜的任務，而那些無法有效運用AI工具的員工，即使在原有職位上表現優異，也可能因為效率差距而失去競爭力，雖然提升了公司整體工作效率，卻也加劇了職場中的能力差異。AI既可能加劇彼得原理的影響，也可能減少其負面效果。例如：AI自動化讓某些員工更快晉升到管理層，但若缺乏相應的決策與技術能力，可能會影響組織效率，擴大問題。另一方面AI也可能減少「彼得原理」的影響，如透過AI輔助決策，企業可以確保管理者的選拔更依據數據，而非單靠資歷評估。

彼得原理
Peter Principle

⭐ AI 如何加劇彼得原理的影響？

1️⃣ AI 可能加速員工晉升，而忽略適任性

　　AI自動化讓基層員工的工作效率提高，使他們更快獲得升遷機會。然而，快速晉升不代表具備領導、決策、戰略思維等管理能力，可能會讓員工提早達到「無法勝任」的瓶頸。如果管理者缺乏決策能力，還會導致整體績效下滑。例如某些科技公司利用AI評估績效，篩選高效員工，但未考慮管理技能，快速晉升工程師為管理者，結果發現他們缺乏領導能力，導致團隊運營不順暢。

2️⃣ AI 可能強化錯誤的晉升標準

　　如果AI主要依賴「歷史績效」來選拔管理者，可能導致晉升標準與職位需求不匹配。例如，一名頂尖的程式設計師未必適合當研發主管，因為管理需要更多協作與決策能力，而非單純的技術能力。像是某些企業的AI招募系統優先選擇「工作表現最佳」的員工晉升，但這些人未必就具備管理技能，導致新任主管無法有效領導團隊。

3️⃣ AI 可能忽視軟實力與人際關係

- AI主要依賴數據進行分析，但軟實力（情商、領導力、團隊協作）較難量化。
- AI可能過度關注績效指標，而忽略了員工的溝通能力、適應

力、情商等關鍵管理要素。

AI可優化決策，但管理職位仍需要情商（EQ）、團隊協作等能力，這些可能無法完全由AI量化。企業若完全依賴AI選拔人才，可能會忽略員工的軟實力，例如溝通能力、領導魅力。例如某些企業的AI晉升系統可能更偏向選擇「技術能力強卻缺乏領導力」的候選人，導致組織內部管理困難。

★ AI如何減少彼得原理的影響？

❶ AI輔助「職能匹配」，確保適任者晉升

AI可分析員工的技能、學習能力、工作績效，推薦適合的職位，確保晉升者具備新職位所需的硬技能與軟實力。而非直接晉升至無法勝任的角色。此外，透過機器學習，AI可分析成功管理者的特質，並建立「適任模型」，用來篩選潛在的優秀領導者。例如LinkedIn使用AI建立「職業發展路徑」，幫助企業選拔合適的人才。IBM Watson Talent就透過AI預測員工的領導潛質，幫助企業選擇真正適合晉升的人才，而非僅依靠年資或績效評估。

❷ AI可監測管理者績效，動態調整職位安排

AI可追蹤管理者的表現，透過員工回饋、團隊績效、壓力管理等數據，評估他們是否適合該職位。如果發現某位主管表現不佳，

AI會建議適合的橫向發展機會，而非強制讓他留在管理崗位上。例如，微軟內部使用AI來監測管理者的領導表現，並根據數據調整其職務，確保團隊獲得最佳領導力。

❸ 個性化學習與管理者培訓

AI可根據員工的短板，自動推薦學習課程，確保他們在晉升前獲得必要的領導與管理訓練。這樣可以讓員工在升遷後更快適應新職位，減少彼得原理的影響。例如，Coursera與企業合作，透過AI推薦適合的管理培訓課程，提升新晉升主管的能力。Google內部的「管理者學習計畫」利用AI監測員工的管理技能發展，並提供個性化培訓，確保新晉升的主管能夠勝任職位。

彼得原理效應過去是企業組織運作中的一大挑戰，但AI正在改變這一現象。企業若能善用AI，透過數據驅動的決策機制，將有機會突破彼得原理的限制，打造更高效的人才發展模式。因此，企業應該將AI當作輔助工具，而非唯一決策者，確保管理者的選拔既考量數據，也保留人為評估的空間。運用AI進行「職能評估＋個性化培訓」，確保員工晉升後能勝任新職位，確保員工的晉升符合其能力，而非單純根據年資，就能避免掉入彼得原理的陷阱。

What & Why 5

升遷的推力與拉力

★ ★ ★

在彼得原理中，有提到升遷時的兩大力量，也就是拉力與推力，這兩種力量是完全不同的，所帶來的結果也不太一樣。

❖ 升遷拉力

所謂的升遷拉力，指的就是俗稱的「走後門」。

彼得對於「提拔」的定義，就是指員工對於上位者的血緣、姻親關係及私下建立的熟識程度，這是一種以人際關係為主要力量的升遷模式，這種升遷方式不會破壞彼得原理的升遷，因為藉由人脈坐上高位、得到升遷機會的人一樣會碰頂，他們也會有最終的不適任位置，只是時間早一點或晚一點而已。

大多數的人都討厭靠著人脈上位的人，但事實上，這些因為與高位者沾親帶故而升遷的人不見得沒有能力，人們的厭惡並不是來自「德不配位」，而是來自於自身的忌妒，因為自己沒有，所以在

面對他人所擁有的機會、資源等優勢時，就容易產生嫉妒心。平常在面對其他人的正常升遷時，他們也會有類似的情緒出現，但因為正常升遷的人符合一般的資歷升遷系統，所以即使心裡有些抱怨，也不會表現出來，只會默默地放在心底。

但靠著關係上位的人不同，他們可能會在提拔者的引領下跨階升遷，在其他人的眼裡，相當於是沒有經過適當的考驗去自我證明，就直接搶佔了其他有能力的人的位置一樣。許多辦公室都會有一樣的問題，雖然能力差不多，但與上司、公司高層關係較好的人，在升遷時更容易被否定掉才能與付出，直接被蓋上關係戶的標籤。然而與其嫉妒有背景、有勢力的同事，不如好好觀察要如何強化人脈資源，避免一直被埋沒在過低的職位上。

⭐ 升遷推力

在多數人的價值觀中，取得升遷最好的方法，就是所謂的「推力」。

與仰仗高位者拉自己一把的升遷拉力不同，升遷的推力是經過培訓、進修、自我成長等管道，靠著自己積極努力爭取機會的做法。根據主流的價值觀來看，努力奮鬥是獲得成功的不二法門，一個人如果沒有努力向上、不斷精進個人的能力，就算得到了機會也無法升上高位。

一般情況下，這種概念是對的，像是在校園中、社會的競爭上都可以套用，但在公司、政府機關等有資歷排序的組織結構下無法套用，因為一層一層的結構會對下屬產生壓力，讓個人的努力失效。在少數的情境中，推力可以產生作用，但大多數情況下，到處進修、學習只能充實自我，在階層化組織下不僅無法產生作用，甚至會帶來負面的影響。

　　以彼得原理中提及的例子來看，如果今天有一名業務員，他為了想要擁有更多能力而學習多國語言，並考取了證照。有一天，這家公司想要在國外拓展業務，這位業務員會優先被考慮，但他也只會成為被派往國外做相同工作內容的業務員，以職位階級來說他並未升遷。而且，他可能要在國外的銷售部門輪換幾次職位，才能回國升遷，最終升至不適任職位。因此，學習外語這項推力，讓他在升遷的過程繞了遠路。

　　彼得認為，自我進修所產生的正面影響與負面影響會互相抵銷，如上述例子，進修外語產生的正面影響，即是獲得外派出國的工作機會；然而，負面影響是他仍須轉轉繞繞才能回到原先理想的職位，如此說來，自我進修並沒有很好地促使他升遷，僅僅只是符合社會價值觀的、作用不大的升遷方法之一。

　　建立在前述的理論下，拉力比推力更為有效，只要能擺脫社會「靠自己」的價值觀，多培養與你有緣的人脈，拉力在階層化組織內的實際成效是遠大於推力的。

彼得原理
Peter
Principle

What & Why

6

就算是例外，也逃不過彼得原理

★ ★ ★

勞倫斯・彼得提到了幾個有別於我們想像中「普遍的」升遷，這些升遷雖然和我們一般認知「因能力出眾而升遷」的內涵不同，但它們也都適用於彼得原理。

★ 雞肋升遷

雞肋升遷，指的就是一種假性升遷，讓沒有用的人升遷。

彼得於他的著作中提到一個例子，當談到某位的員工時，經常會有人質疑他的升遷是否真的有效。他的情況常常被拿來討論，事實上，他並沒有真正升遷，只是從一個不適任的職位換到另一個同樣不適任的職位，這就是一種「雞肋升遷」，也就是一種假性升遷，表面上看似升職，實則並未改變實質工作內容或責任。

這種假性升遷的主要目的是掩飾實際上升遷決策的不當。透過將他調到另一個職位，管理層能夠遮掩之前讓他到現在位置的錯誤

決定，讓這次升遷看起來似乎是合理的，儘管實際上並未改變任何事實。對於其他員工來說，這種升遷也可能產生誤導作用，讓他們相信即便是表現不佳的員工也有升遷的機會，從而激勵他們自行爭取升遷。

此外，這種方式還能幫助公司保持穩定。即便他的能力不佳，他仍然保留在公司內部，因為他的知識和資訊如果洩漏給競爭對手，可能會對公司造成威脅。因此，這種升遷方式有助於防止關鍵信息流失，維持公司運營的穩定性。

這種情況在很多組織中都很常見。在一些成功的機構中，高層可能會充斥著無法有效發揮作用的人員，這些人可能是透過雞肋升遷達到目前的職位。例如，有些公司內部會有大量副董事長或常董的職位，而這些職位的設置實際上無法增強公司的運營能力。

⭐ 平行升遷

平行升遷也是一種假性升遷，當不適任的員工被調整到新職位時，並不意味著他們得到了更高的職位或加薪。相反，這種升遷往往只是將員工安置在一個新的但不顯眼的職位，有時甚至是辦公大樓中最不起眼的角落。

以彼得在書中舉的兩個例子來看，某公司的一名不適任業務助理經過平行升遷後，被調任為跨部門溝通承辦人。儘管職位有所變

彼得原理
Peter Principle

動,薪水卻沒有增加,他的工作內容變為監督部門備忘錄和複印檔的歸檔作業。這種調動並沒有提高他的責任範圍或工作挑戰,只是將他放在一個不同但同樣平淡的職位上。

另一個例子,一家公司頻繁進行平行升遷的做法也顯示了這一現象。該公司將二十五位行政主管調至各區分公司擔任副總監,還安排了一名行政長官去經營新收購的旅店,另一位副總監則被指派花三年時間撰寫公司的歷史事記。這些調動並未實質上提高這些員工的職責或薪水,而是將他們轉移到不同的職位上,讓公司看似進行了管理上的調整。

總而言之,制度越龐雜,就越容易出現平行升遷的現象。這是因為在繁瑣的制度架構下,透過將不適任的員工調整到不同的職位來維持表面的管理效果,變成了一種常見的策略。

★ 倒置的彼得

一名顧客在電子產品專賣店詢問,能否享受特定促銷活動的優惠。店員明知道優惠的具體條件,但因為政策限制,無法直接告訴顧客,這會讓顧客十分不解和失望。即使對方知道問題的答案,也常因為某些規定而無法提供,而這種情況在各種行業中都很常見。

勞倫斯・彼得將這種現象稱之為「專業領域的自動導航」,即員工過於專注於遵循規則和流程,而忽略了實際需求。這樣的員工

更關心的是操作程序，而不是結果或服務對象的實際需求。

那麼，這些「自動導航者」為什麼會獲得升遷呢？答案在於，誰來決定員工的適任性？員工的適任性通常由其上級主管來評估。如果主管自己處於適任的等級，他們可能會根據下屬的實際工作成果來評價，比如是否達成了工作目標或提供了有效的服務。在這種情況下，主管關注的是實際產出（output）。

然而，如果主管本身也處於不適任的等級，他們可能會依照公司內部的價值觀來評估下屬，重視員工是否遵循規則、是否維持現狀，以及是否展現出一定的禮貌和整潔。這樣的主管會更多關心員工的投入程度（input），而非實際成果。

例如，食品連鎖店的員工在處理退貨時，嚴格按照公司的退貨流程操作，儘管如此做會導致顧客需要等待很長時間才能完成退貨。雖然這樣的操作符合公司的規定，但顧客的滿意度卻因此受到影響。如果這位員工確實遵守公司規定，雖然顧客未必滿意，但他仍可能獲得上級的肯定。

再比如，在大型活動策劃公司，負責場地布置的員工按照公司標準化流程設置了所有裝飾。即使這樣做並未考慮到活動的具體需求，導致布置效果不如預期，該名員工仍可能因為遵守流程而得到積極、正面的評價。這種情況下，即使實際效果不佳，只要遵循了程序，這些員工還是能獲得升遷。

這就是「倒置的彼得」現象，是指員工的穩定性和規則遵守被

過度重視,而實際工作效率和成果則被忽視,這解釋了為什麼那些只會依賴規範而缺乏獨立判斷的員工能繼續升遷。這些員工在面臨更高層次的決策要求時,可能會達到自己的不適任等級。

總結來說,「專業領域的自動導航」現象雖然令人困擾,但它在一定程度上仍符合彼得原理。這些員工因為在遵循規範和程序方面表現出色,從而獲得升遷。最終,當他們需要處理更多決策性的工作時,他們的真正適任性將會暴露出來,達到自己的不適任等級。

以上這些顯而易見的例子都不是例外,彼得原理適用於每一個階級的每一位員工,每個人最終都會抵達自己的不適任等級。

How & Do 7

升遷之前，可以這麼做

★ ★ ★

勞倫斯・彼得在另一本著作《彼得處方》(The Peter Perscription)中，提出許多避免彼得原理發生的方法，如果個人與組織都能按這些處方落實，便可能解開「升遷不勝任」的彼得原理魔咒。

若你是準備升遷或有機會升遷的人，以下的方法可以幫助你避免落入深陷不適任職位的窘境，或者在發現自己處於不適任職位時可以做些什麼。

⭐ 先瞭解更高職位的工作壓力和薪資

升遷是職場生涯中的一個重大決定，它不僅關乎薪水的增加，還涉及到工作內容、壓力、職業發展等多方面的變化。然而，升遷並不總是帶來預期的滿足感，甚至有時候可能會成為壓力的來源。為了避免成為一位「無能的」上司，事前對升遷後的實際情況詳細了解更是尤為重要。

升遷的決定不應僅僅基於眼前的誘惑，比如更高的薪水或更高的職位頭銜。首先，你需要了解直屬長官的薪資和福利待遇。這包括但不限於薪水、獎金、退休金等等。但高的職位在帶來高工資的同時，還有很多需要承擔的責任。而這些責任，很多人並不願意承擔。這時候就應該考慮，除了升遷還有沒有其他方式能賺到這麼多的錢呢？比如兼職或者內容創作等等？

其次，要評估這些報酬能否帶來你所期望的生活品質和滿足感。升遷後的工作壓力、工作時間、責任範圍是否符合你的期望？它們是否會影響你的生活平衡？比如有些人會覺得相比工作，家庭幸福更重要。而更高的職位意味著你要犧牲更多的時間在工作上，自然地，家庭生活必然會受到影響，這時候你就要問自己，這種損失是你能承受的嗎？如果不能，那麼面對升遷時就要注意了。

又或者，你的身體承受不了太大的壓力。越高的職位對身體狀態的要求越高，存在很多個人的極限，比如健康極限、認知極限、心理極限、創新極限、被認同極限等。假如你的身體本身條件並不優秀，那麼是否可以考慮先鍛鍊身體，升遷的進程可以先暫緩。

透過事先的調查與了解，你可以更清楚地判斷哪些職位能夠真正帶來長久的快樂和滿足。這樣一來，你可以避免在未來面對過大的壓力或生活不符合預期的情況，也可以在必要時選擇拒絕升遷。

假設一名醫生正面臨一個升遷的機會，醫院計畫新增一個高級醫療主管職位，該職位負責監督醫療品質和協調醫療活動。這個職

位除了提供更高的薪水外，還包含更多的職業發展機會。然而，這位醫生在接受升遷機會之前，預先分析了該職位的實際內容及其對生活的影響。

如果他升遷了，該職位不僅涉及大量的行政管理和會議，還需要處理複雜的醫療計畫問題，這將大幅增加工作量。儘管該職位的薪水有所提升，但與工作量的增加相比，薪水的增幅並不成比例。這位醫生擔心，雖然薪水提高了，但隨之升高的工作壓力和繁重的工作時間，是增加的薪資所彌補不來的。

此外，這個新職位需要花費更多時間在醫院以外的活動，例如醫療培訓和政策制定。這意味著他將無法像現在這樣有足夠的時間與家人相處。升遷後，長時間的工作和頻繁的出差，都可能影響到家庭生活，將很大程度地壓縮了與家人相處的時間。

在權衡了薪資增加與工作壓力之間的關係後，這位醫生選擇繼續目前的職位。雖然升遷帶來的薪資和頭銜有一定吸引力，但這位醫生認為薪水的增加不足以彌補工作量的增加和生活品質的下降。他希望能夠保持現有的工作和生活平衡，避免過度的工作進而對家庭生活造成影響。

這位醫生的決定反映出，薪水的增加如果無法與工作壓力的提升和生活品質的維持相匹配，那麼升遷可能並不值得追求。因此，在考慮升遷時，了解實際工作內容和生活影響都十分重要。透過這些詳細的評估，能做出符合自己價值觀和生活需求的明智選擇，能

夠避免因升遷帶來的過大壓力或生活不平衡，也能繼續在自己熱愛的職業中獲得滿足感和幸福感。

⭐ 規劃個人未來的職涯方向

雖然升遷在職場中是對於個人工作能力的肯定，但是為了保持對自我目標的專注，以及避免在升遷後無法勝任，我們不妨跳出「升遷＝獎勵」的固有思想，思考真正令你感到滿足和有成就感的東西是什麼。

尤其是當你對目前的專業角色充滿熱情時，了解升遷後工作的性質和潛在的挑戰是十分重要的。以你作為一名對寫程式充滿熱情的軟體工程師為例，你熱愛編寫程式碼，從中獲得的成就感無可比擬。每當你成功解決一個困擾團隊數週的複雜問題時，這種滿足感和成就感都會促使你想繼續深耕這個領域。

你對寫程式的熱情和專業知識讓你在同儕中脫穎而出，使得你在技術層面上獲得了廣泛的認可。你喜歡解決問題的過程，享受看到自己的程式在實際應用中發揮作用的那份成就感。這種內在的驅動力和對程式碼的熱愛驅使你不斷挑戰自我，不斷提升技術能力。

然而，當你被考慮升遷為工程師主管時，這個職位表面上看似仍然與「工程」相關，但實際上卻可能會是截然不同的工作內容。升任為主管工程師，你的工作重心會從編寫程式轉向更高層的管理

任務。

　　作為工程師主管，你的主要責任將轉向監督整個工程師團隊、管理專案時限以及協調部門間的合作。這些工作往往需要你在多個層面上進行考量和決策，包括分配資源、調整計畫、解決團隊間的摩擦等等，並確保專案能夠按時完成。在這些過程中，你會發現自己花費大量時間在會議和管理活動上，而不是像以前那樣沉浸在寫程式的實際工作中。

　　這樣的角色轉變可能會令你遠離那份讓你充滿熱情的工作內容。你會發現，雖然主管職位具備更高的職業地位和更多的責任，但這些工作可能不如你之前的工程實作那麼令人滿意。你曾經享受的程式編寫過程，可能會被無數的報告、會議和管理任務所取代。你會面臨需要協調多方利益、管理團隊動態、處理跨部門合作等挑戰，這些任務的完成感和滿足感可能無法與你原本在技術領域中的成就感相比。

　　在你目前的工作中，你可能已經感受到了十足的成就感。你在寫程式的過程中所獲得的樂趣和挑戰，使你對自己的工作充滿熱情。管理職位雖然具有其自身的吸引力和發展潛力，但如果它將使你遠離你所喜愛的技術工作，可能會令你失去對工作的熱情和動力，就必須審慎評估是否值得。

　　因此，當考慮是否接受升遷時，你需要認真評估這個決定對你的職業生涯和工作滿足感的影響。如果你發現目前的工作讓你充滿

成就感，並且你不想放棄這種工作狀態，那麼接受升遷可能並不是最適合你的選擇。在這種情況下，你可以考慮透過其他方式來實現職業成長，例如尋求更具挑戰性的技術項目、深耕某一專業領域，或是透過與AI協作等其他途徑繼續發揮你的專業優勢。

評估自己的個性

在職場中，領導者與追隨者之間的差別十分明顯。領導者通常具備引導團隊、做出關鍵決策和激勵他人的能力，而追隨者則更多地專注於執行和支持這些決策。然而，這些領導技巧並非一體適用於所有人，也不是每個人都有成為領導者的傾向和欲望。因此，了解自己的個性、興趣和職涯目標，是決定是否接受升遷的考量關鍵。

「天生的領導者」通常擁有一些與生俱來的特質，例如自信、決策能力和激勵團隊的能力。但是這些特質並非所有人都有，並且即使擁有這些特質的人，仍然需要透過實踐來磨練自己的領導技巧。成功的領導者不僅僅依賴於天賦，還需要學習如何有效地溝通、管理衝突、建立團隊合作，並且能夠靈活地應對不同的挑戰。

「後天學習的領導技巧」則包括時間管理、團隊激勵、情緒智力等。這些技能可以透過培訓、工作經驗和自我反思來獲得。不過即使一個人掌握了所有的領導技巧，也不一定意味著他適合成為領

導者。每個人的性格、工作風格和價值觀都是獨特的,因此適合的領導風格也可能不同。

所以,了解自己的個性、興趣和職業目標對於決定是否適合升遷至領導職位非常重要。首先,你需要清楚自己是否喜歡管理他人和帶領團隊。管理他人不僅需要良好的組織和溝通能力,還需要具備處理人際關係和解決衝突的能力。如果你對這些工作內容充滿熱情,那麼升遷至領導職位可能會是合適的選擇。

反之,如果你對管理他人不感興趣,或者發現自己在處理人際關係和團隊運作感覺很有壓力,那麼即使有升遷的機會,你也應該認真考慮是否值得接受。

彼得原理
Peter Principle

How & Do 8
如何婉拒升遷？

★ ★ ★

在評估種種條件後，如果發現自己即將升遷的位置不適合自己，如何回覆主管自己沒有升遷的意願也是門藝術。若處理得宜，能讓你和主管保持良好的關係；若處理不當，很可能會讓你與主管或與公司間的關係陷入尷尬。

📍 直接拒絕

直接拒絕升遷會面臨一定程度的風險，除了失去升遷機會之外，也可能破壞與同事和主管之間的關係，因為這次不接，可能影響主管原先計畫，甚至落入其他同事身上，造成他人的麻煩。最重要的是，這次拒絕可能會給高層留下你不積極、沒有上進心的印象，而影響往後的升遷，因此需要妥善的處理，否則會對往後發展造成負面影響。

首先，在拒絕之前，務必先真誠地感謝你的主管，給你這個升

遷的機會：

「首先，我衷心感謝您和公司對我的信任與支持。得知我被獲升遷至管理職，我感到非常榮幸和感激。這不僅是對我過去工作的肯定，也顯示出公司對我未來潛力的重視。我十分珍惜在這裡的工作經歷，一直致力於用心投入每一個項目，於團隊中努力貢獻。」

再來說明你拒絕的原因，理由要合乎邏輯，勿欺騙，無論是個人因素還是薪資期望，都坦誠相告。這裡以不符合職涯規劃為例：

「然而，經過深思熟慮，我很坦承地告訴您，我目前對這一職位的升遷提議有些疑慮。雖然管理職位對於個人職業發展有著重要意義，但基於我個人的職涯規劃和長期目標，我認為目前這個職位不完全符合我的職涯發展方向。

我深知管理職位需要投入大量精力來協調和領導團隊，這對於公司的發展至關重要。對我而言，我目前的興趣和專業技能更傾向於研發新產品的項目，我希望能夠繼續在這個領域深耕，進一步提升自己的專業素養和技術水平。這是我職業生涯的核心目標，也是我目前所努力的方向。

此外，我也擔心如果接受這個升遷機會，我可能無法全力以赴地投入管理職所需的各項工作，這可能會影響到我的工作表現，也可能對團隊的整體效能造成不必要的困擾。我不希望因為自己的不足或不適應而對團隊和公司的發展造成負面影響。」

最後要堅定表明拒絕的立場，勿模稜兩可，讓對方產生誤解。

「因此，在仔細考慮了自身的長期發展和公司的需求後，我認為暫時不接受這個升遷機會是對我自己、對公司以及對團隊最為負責的選擇。我非常希望能夠繼續在目前崗位上，發揮我的專業知識和技能，為公司創造更多的價值。」

最後可以表明，自己並非沒有上進心或不願意配合公司，若公司未來還有相關的人員調度或工作內容調整，仍非常願意配合：

「當然，我仍然對公司未來的發展充滿信心，並希望能夠繼續參與到公司的各項工作中。我也非常願意在現有的職位上，根據公司的需要，承擔更多的責任和挑戰，以支持公司的目標達成。

再次感謝您對我的關心與支持。我希望我們能夠繼續保持良好的溝通，共同探討其他能夠發揮我專業優勢的方式，為公司做出貢獻。如果有任何進一步的討論或需要我的協助，我隨時樂意配合。」

根據以上舉例，拒絕升遷機會之前誠懇且感激的態度非常重要，這是為了維護雙方職場上融洽關係，其次準備好拒絕的理由，最後在堅定表達立場。這樣的拒絕方式應該能讓主管清楚地理解你的想法，維繫雙方和諧關係，也能讓你避免升遷後落入不適任職位的窘境。

假裝不適任

如果不想直接拒絕，勞倫斯・彼得在書中提出了「假裝不適任」的方式，這個方法藉由展現一些最終職位症候群，避開升遷的機會，自己不需要直接拒絕，而是讓上級主管或人資方打消念頭。

彼得於書中提到他自身的經歷，在他過去經營一所兒童殘障教育中心時，他參與了研究相關的教學方法，他當時只希望教育中心能持續運作，然而院長卻要求他接下主任一職，他只好在開會的過程中做一些略為出格、但不影響他專業能力的舉動，例如利用放大鏡聚焦陽光來點燃香菸，或者在簽合約或論文時，堅持採用特定流程，用鵝毛筆、圖章和封蠟來加深儀式化的色彩，這些行為讓院長或同仁對他是否適任主任一職產生質疑，也讓他成功營造「不適任」的形象。

彼得在書中還再舉了另一個例子，他在艾帝爾楚維特公司時，研究其工廠人員和文書行政人員的階級結構與升遷比率。他留意到大樓周邊的草坪維護得十分完善，有天鵝絨般柔滑的草坪，還有寶石般閃閃動人的花園，這表示園藝人員的能力相當優秀。

園丁叫做葛林，時常笑臉迎人，熱愛園藝，對自己的工具也非常愛惜，葛林的分內工作他都做得非常好，除了一項：他經常弄丟或錯放收據和送貨單，但申請取用物品的時候卻完全沒有問題。送貨單的問題讓會計部非常不滿，也常因此被主管訓斥。對於此事，

葛林的說法都很模糊：

「我種灌木叢的時候，可能不小心把那些紙也一起種下去了。」

「可能是工具小屋裡的老鼠把紙張吃掉了。」

因為文書作業處理失當，所以當有養護部領班職位出缺時，總是輪不到葛林。我訪問過葛林非常多次，他很有禮貌也十分配合，但說到文件問題，他總堅稱是不小心弄丟的。我詢問葛林的妻子時，葛林太太表示，葛林對於自家的園藝運作情形如數家珍，而且還有完整紀錄。自家花園和溫室的各項財務支出，葛林在紀錄簿上也記得清清楚楚。

這就是葛林避開升遷的方法，他刻意在工作上展現出不夠成熟、不稱職的表象：無法很好地完成該項職務該完成的事。雖然這並沒有很大程度的影響他的工作內容，但也讓上司在考慮管理職位的人選時不會考慮到他。

再舉另外一個例子，一名高級餐廳主廚，他擁有無可挑剔的烹飪手藝，他所創作的每道菜餚都贏得了顧客的高度評價。餐廳的經理常常稱讚他是頂尖的廚師，並且多次考慮提升他為餐廳經理，負責更高層的業務和客戶管理。然而，這名廚師對於這樣的升遷機會總是避而不談。

雖然他還是精準地調配食材，設計完美的菜單，卻也經常故意在工作中犯一些微不足道的疏失。例如，他會故意遲到，或者在菜

餚的擺盤上犯一些小錯誤，這些行為雖然不影響料理的品質，卻也會引起管理層的不滿。他的故意遲到和細微的擺盤錯誤，讓他看起來不夠細心、穩重，因此餐廳的經理始終沒有選擇讓他升遷。

這就是這名廚師假裝不適任的方式，他利用一些不算致命、不直接造成工作失誤的小動作，讓他的主管以為他確實不適任，從而打消讓他升遷的念頭。

透過以上的例子，若你正處於不知如何拒絕，或礙於情面、實在不方便直接拒絕的情況下，可以試著使用這些方法，讓自己不必開口就讓對方打消升遷你的念頭。不過切記，不要做會影響到你本身專業的行為，否則是自砸飯碗，你長久以來的努力將毀於一旦。

彼得原理
Peter
Principle

How & Do
9
打破不適任的魔咒

★ ★ ★

「彼得高地」對於每個人都不是固定不變的，而是會隨著個人能力的提升不斷升高。因此當我們被提升到新的工作職位，如果發現自己已達到不適任的職務，應該積極學習、不斷提升自己的工作能力，使自身儘快跟上職務的要求。

⭐ 心態調整

當你到達不適任層級，先釐清自己現狀，並確認需要調整的目標，你要了解自己現在所處更高的位置，所以需要更高、更廣的視角，不再是操作面，而是管理層面，同時也需要與更高層對接，不能再用以前的心態和格局處理事情。

首先，心態的轉變是不可少的。從基層到管理層的轉變意味著你不再只是單純地執行任務，而是需要擁有更高層次的思維模式和策略眼光。這就必須從「我完成了我的部分」的心態，轉變為「整

體專案的成功」的心態。你需要學會考量團隊的整體表現，關注專案的長期目標和戰略，而不是僅僅滿足於短期成果。

其次，格局的擴大是這一過程中的重要部分。作為管理者，你需要具備更廣闊的視野。這不僅僅是指在工作中考慮整體策略和目標，還包括了解和關注行業趨勢、競爭對手的狀況，以及組織內部的各種因素。你需要跳出自身的工作範疇，從更高層次來看待問題，這樣才能制定出有利於整體發展的策略和決策。

此外，作為管理者，溝通和協作的能力也必須提升。基層員工通常在日常工作中只需要和直屬上級及同事進行交流，但管理層需要與更多的利益相關者進行有效的溝通，包括上級領導、其他部門以及外部合作夥伴。這都必須具備清晰的表達能力，還要具備解決衝突和建立良好合作關係的技巧。

總而言之，認清自己到達不適任狀態，是第一步；知道只要自己願意學習、願意改變，這個不適任狀態是可以突破的，這是重要的第二步；不要讓自己陷入絕望的境地，並認清自己需要學習的東西是什麼、還需要改變心態、格局等等，這是第三步。

★ 進修學習

當你確定自己需要學習的目標後，接下來最重要的一步是透過各種方法來培養自己欠缺的能力。這些方法有助於你提升技能和

知識，達到職業上的成長。以下是幾種有效的學習方法，每種方法都有其獨特的優勢，可以根據你的需求和情況選擇適合的方式來進行。

1 閱讀書籍

閱讀書籍是提升能力基本且有效的方法。書籍能夠提供系統性的知識和深入的理解，幫助你掌握某個領域的基礎理論和實踐經驗。選擇適合的書籍時，可以考慮以下幾個方面：

1. **專業書籍**：這類書籍通常涵蓋了你所需學習領域的核心知識和最新趨勢。例如，如果你想提升管理能力，可以閱讀關於領導力、團隊管理或商業策略的書籍。

2. **成功案例**：這些書籍通常描述了成功人士的經歷和他們的思維方式，能夠提供寶貴的啟示和激勵。透過他們的經歷，你可以學習到許多實用的技巧和應對挑戰的策略。

3. **行業報告與白皮書**：這些資料能提供行業內最新的研究成果和市場動態，有助於你了解相關發展趨勢和競爭環境。

為了更好地吸收和應用書籍中的知識，可以嘗試做讀書筆記，並將書中的觀點與實際工作中的情境相結合，進行實踐和反思。

❷ 自主進修

自主進修是另一個提升自我能力的重要途徑。這種方式通常涉及參加各種形式的教育和培訓課程，以提高特定技能或獲取新知識，像是時下的AI課程。自主進修的形式包括：

1. **線上課程：** 許多平台提供專業的線上課程，涵蓋了各種主題和技能。這些課程靈活且方便，適合忙碌的職業人士，例如AI工具應用。選擇一些知名平台的課程，可以根據自己的興趣和需求進行學習。

2. **工作坊和研討會：** 這些面對面的學習形式可以提供實踐經驗和即時的反饋。參加相關領域的工作坊和研討會，不僅能學習新知識，還能與同行業的專家和同行進行交流，擴展你的專業網絡。

3. **專業證書：** 獲取專業證書可以證明你的專業能力和知識水平，對於職業發展和提升競爭力具有實質性幫助。例如，若你想在財務領域發展，可以考慮取得CFA（特許金融分析師）證書。

自主進修的關鍵在於設定明確的學習目標，並制定切實可行的學習計畫。定期評估自己的學習成果，並根據需要進行調整。

❸ 向上司請教

向上司請教是另一種有效的學習方法，能夠幫助你獲得實用的

建議和指導，進而提升自己的工作能力。向上司請教的過程中，請留意以下原則：

1. **明確問題：** 在與上司溝通之前，先明確自己遇到的具體問題或挑戰，並準備好相關資料。這樣能夠讓你的請教更加有針對性，並提高獲得有效建議的機率。
2. **尋求建議：** 除了向上司詢問具體的問題，還可以請教一些關於職業發展的建議。了解上司的成功經驗和他們面對挑戰的方法，這些建議對於你的職業成長具有重要意義。
3. **定期反饋：** 與上司保持定期的溝通，讓他們了解你的學習進展和工作成果。這不僅能夠獲得更多的反饋和指導，還能展現你對自我成長的積極態度。

請教上司時，應保持開放的態度，並積極接受反饋。透過這種方式，你不僅能夠獲得寶貴的指導，還能建立更加良好的工作關係。

無論是藉由閱讀書籍、自主進修還是向上司請教，這些方法都能夠幫助你提升自身的能力和技能。根據自己的學習目標和需求，選擇合適的方法進行學習，並持之以恆地進行實踐和反思，將有助於你突破不適任的困境，讓無法負荷的工作情況漸入佳境。

How & Do 10
調整選才機制

★ ★ ★

以下幾個方法適用於你的角色是「管理者」的人，如果你需要選擇哪些人適合升遷至其他職位，卻又不確定挑選之人能否勝任，擔心他到達不適任的層級。那麼在考慮讓他們升遷之前，先採用以下方法，能避免公司處於有人卡在不適任職位的窘境。

⭐ 建立合理公平的選才機制

建立不同管理職位的任職標準，並按標準選拔、培養人才。不同的管理層級、不同職位在領導力、知識經驗、技能等方面的要求是不一樣的，必須建立明確的任職標準，並透過人才測評選拔出符合該職位任職標準的人才，這樣才能保證人員和職位匹配。同樣地，也可選拔有潛質的後備幹部，制訂實施培養計畫，透過一段時間的培養使其具備擬提拔職位的條件。每個人都有適合自己的職涯發展，不一定每個人都要去追求管理職的工作。

彼得原理
Peter Principle

　　提拔下屬的標準應該更著重於發掘他們的潛力和管理能力，而不僅僅是績效。我們應當以能否勝任未來的崗位需求為標準，客觀評價每一位員工的能力和水準，將員工安排到其可以勝任的職位上。

　　《杜拉克教我的17堂課》中提到，杜拉克的用人準則強調通盤思考。他主張先清楚界定職務需求，並挑選三到四位潛在人選，而非一開始就鎖定特定對象。接著，應先與幾位具經驗與判斷力的同事討論，綜合各方觀點後，再做出最終決定。

★ 建立能上能下的考核機制

　　當一名員工從一個熟悉且得心應手的職位升遷到一個全新的、更具挑戰性的角色時，這種轉變可能會多少帶來不適應。如果新職位超出了員工的能力範圍而無法應對，這是很常見的一種職業升遷困境。而且在現行的機制中，一旦發現員工在新職位中無法善盡職責，再將他們降回原職位的過程通常也不容易，甚至可能影響到公司的整體運行和員工的士氣。

　　因此我們要建立一個能上能下的考核機制，確保「人盡其才」。這種機制能夠幫助公司找到每位員工最適合的角色，並最大化他們的潛力。尤其對於不稱職的管理者，透過適當的降級來調整其職位，能夠為更有能力的候選人留出空間，從而避免「彼得原

理」所帶來的負面影響。

同時，我們也可以採用臨時性和非正式性提拔的方法來觀察被提拔候選人的能力和表現，來評估他們是否能勝任新職位，避免帶來負面影響。

假設在一家大型科技公司中，一名部門經理因為健康因素突然離職了。公司需要盡快找到一個人來填補這個空缺，以確保部門正常運行。傳統上，公司可能會直接將部門中的某位高級員工升遷為新任經理。然而，這種做法有可能會將一名在現有職位上表現優異的員工推向一個他可能無法勝任的職位。因此，公司可以改採取臨時職務管理的策略。

建議可以選擇幾位具有潛力的員工來擔任這個部門經理的臨時代理職位。這些員工可以是來自部門內部或其他部門，但必須具備一定的管理潛力和經驗。安排這些臨時代理經理在一定的試用期內履行其職責。例如，可以設定三到六個月的臨時管理期。

在此期間，這些員工將負責處理部門的日常事務、制定策略和領導團隊。在臨時代理期間，公司高層應該密切觀察這些臨時經理的表現，包括他們在管理風格、決策能力、團隊協作和壓力處理方面的表現。可以透過定期的績效評估、員工反饋和項目成果來進行全面的評估。

試用期結束後，公司高層將根據臨時代理經理的表現綜合評估最佳人選。如果某位員工在臨時職位上表現出色且能夠勝任該

彼得原理
Peter Principle

職位，公司可以正式升遷這名員工為正式經理。如果某位員工未能達到預期，公司可以重新考慮其他候選人，或者將該員工調回原職位，並另尋其他合適的人選。

這種臨時職務管理的做法不僅可能有效評估候選人的能力，還能避免因為單純的升遷而引發的管理失誤。能讓公司有機會在正式決策之前進行更多的實驗和觀察，從而做出更為明智的選擇。

另外，適當引進外來人才也是解決「彼得原理」的有效方法之一。透過招聘已經具備相應技能和經驗的外部人才，可以直接將這些人才安排在適合他們的職位中，避免了內部員工因升遷而進入不熟悉的領域，導致績效不彰。外部人才帶來的新觀點和經驗，也能為公司或部門注入新的活力和創新。

因此，建立一個能夠靈活調整職位的機制非常重要。這種機制不僅可以防止管理者在他們無法勝任的領域工作，還能確保每個人都在其最擅長的角色中發揮最大潛力。

⭐ 先測試候選人的能力

若公司要全面建立新制度還有些困難，還不能立即有效地建立能上能下的考核機制。那麼至少在做出升遷決定前，先充分評估和測試候選人，以確保他們能夠成功擔任新職位並應對相應的挑戰。

我們可以透過模擬新職位的實際工作內容來進行測試，包括提

供與新職位相關的具體案例、問題或挑戰，讓候選人展示他們的處理能力和應變能力。藉由這種方式，管理層可以觀察候選人如何解決實際問題，評估他們在壓力下的表現以及他們的決策能力。

這種測試不僅能夠揭示候選人的潛在問題，還可以幫助他們更全面地了解新職位的要求。透過提前的實踐和反饋，候選人可以針對自己的不足進行改進，也有助於管理層做出更有信心的升遷決策，避免未來可能出現的問題。

市區一家公司的人力資源主管，正面臨一項挑戰：選一名合適的員工升為部門經理。公司內有兩位出色的候選人，都擁有相關的專業資格和經驗。為了確定誰最適合這個新的管理職位，這位主管決定進行一個實際測試。

他準備了一系列的工作案例和挑戰，要求這兩位候選人進行分析和回應。他給他們一封來自公司客戶的投訴信，內容如下：

親愛的經理：

我是一家公司的業主。最近，我的訂單被延遲了兩週，我非常地不滿。我的訂單應該要按照約定的時間交付，而不是一直拖延。雖然我們已經多次聯繫客服，但問題似乎沒有得到解決。作為一名客戶，我希望能夠獲得應有的重視和適當的處理。

A候選人的回應是：「首先我會與對方聯繫，了解更多細節並表示歉意，在仔細檢查訂單延遲的原因後，立即處理。最後我會向對方提供我們的解決方案，並向他保證我們會採取相關措施，以免

類似問題再次發生。」

主管問 A 候選人，為什麼不直接告訴客戶是公司內部運作的問題，他回應說：「我認為重點應該是理解客戶的失望和問題，並提供實際的解決方案。我覺得透過積極溝通和解決問題，才能有效提升客戶滿意度，挽回公司聲譽。」

與此同時，B 候選人的回應則顯得不夠友善和成熟：「客戶經常會提出各種問題，他們似乎對公司服務的標準不滿意。我會簡單回信告訴他，我們已經按流程在處理訂單了，他可以查看我們的服務條款。」

主管詢問 B 候選人會如何處理這封信時，他回答：「我會以正式的方式回信，引用我們公司的客戶服務條款，明確我們的責任和處理流程。這樣，客戶就會明白公司已經按照標準在處理了。」

A 候選人在回應過程中，展示了他對客戶問題的同理心和解決問題的積極態度。相比之下，B 候選人的回應則顯得機械且缺乏理解，可能會進一步激化客戶的不滿。最終，這位主管認為 A 候選人的處理方式比較妥當，而被選為部門經理，並成功引領團隊提升了業務績效，得到了同事和客戶的高度評價。

由以上的例子可以得知，在升遷以前，先測試候選人的能力是有效且有必要的，在評估過他們處理即將面臨的挑戰後，更能篩選出誰才是最適合升遷的人。

How & Do 11
勝任力VS任職資格

★ ★ ★

1973年，麥克利蘭（David McClelland）提出了「勝任力」的概念，標誌著現代人力資源管理的誕生。企業人力資源管理由最初的「以工作為本」，逐步轉變為「工作與人並重」，最終發展成「以人為本」。

★ 什麼是勝任力？

勝任力（Competence）一詞來自英文「Competency」，不同學者和機構曾使用「能力模型」、「素質模型」、「領導力模型」、「全能力模型」等不同名稱來描述其概念，導致相關定義眾說紛紜。究竟什麼是勝任力模型？其準確概念又是什麼呢？

勝任力模型的概念最早可追溯至20世紀60年代。麥克利蘭在協助美國政府選拔外交官時發現，真正影響工作績效好壞的關鍵在於個人內在的、持久的行為特徵。因此，他將這些能夠直接影響

工作績效的個人潛在特質稱為「Competency（勝任力）」。1973年，他在其著作《Testing Competence rather than Intelligence》中提出，以評估勝任力取代傳統的智力測驗。此後，他開始展開研究，並透過行為事件訪談法（Behavioral Event Interview, BEI）來分析勝任力，在管理領域廣泛應用，並發展出知名的「冰山模型」。

勝任力可被定義為個人展現的一組與高績效相關的外在行為表現，這些行為表現源於動機、自我概念、個性、價值觀、態度、技能與知識等多種個人特徵的綜合作用。麥克利蘭認為，勝任力包括以下幾個層面：

- **知識**：特定職業領域所需的專業資訊。
- **技能**：掌握與應用專業技術的能力。
- **社會角色**：對社會規範的認知與理解。
- **自我認知**：對自身角色與身份的認知與評價。
- **特質**：個人的穩定性格特徵或典型行為模式。
- **動機**：驅動外在行為的內在想法或動力。

勝任力模型具有以下兩大特點：

1. **重視行為表現與成果**：側重於外顯、可觀察的行為，而非內在特徵的相互作用，即「重結果、輕過程」。
2. **可衡量、可觀察、可發展**：能夠量化，並對員工績效及企業

成功產生關鍵影響。

⭐ 勝任力模型

勝任力模型（Competence Model）是針對特定職位所需的關鍵能力組合，以確保能實現整體績效目標。其包含兩大層面：

1. **勝任力組成結構**：透過有效方法選取特定職位的勝任力要素，確保高績效者與一般工作者的顯著性差異。
2. **勝任力等級描述**：描述某項勝任力要素在不同等級員工的行為特徵差異。

通常，勝任力模型包括三大類能力：

- **全員核心勝任力**：適用於全體員工，如企業文化認同、價值觀與經營準則。
- **序列通用勝任力**：適用於多個職務的共通能力，如領導力、溝通能力。
- **專業勝任力**：特定職務的專業技能，如工程師的技術能力或銷售人員的談判技巧。

⭐ 任職資格體系

任職資格（Job Qualification）源於英國國家職業資格模式，是為確保工作目標達成，個人應具備的知識、技能、能力與素質

要求。其常以學歷、專業、工作經驗、技能等形式呈現，如「三年以上的工作經驗」、「大學學歷」等。任職資格體系則更適合確立人才標準與規範化管理。在應用發展中，任職資格體系形成了「KSAO」模型：

- K（Knowledge）：執行某項工作所需的專業知識與資訊。
- S（Skill）：熟練某項工作技巧或掌握設備操作的能力。
- A（Ability）：內在基本能力，如邏輯思維、學習能力、解決問題能力。
- O（Others）：其他個性特質，如工作態度、人格特質、適應性等。

勝任力與任職資格的區別與關聯

一般而言，依企業管理模式不同，可能會採用任職資格體系或勝任力模型，這兩者既有區別又相互關聯，主要說明如下：

1. **兩者本質相同，應用層次不同：**
   - 任職資格關注基本要求，如學歷、工作經驗。
   - 勝任力關注高績效者的特質，如行為表現與內在動機。
2. **任職資格體系包含勝任力模型：**
   - 任職資格涵蓋更廣，包括學歷、證照、經驗等靜態條件。
   - 勝任力則側重於行為與績效，屬於任職資格的一部分。

3. 兩者相互融合，各具特色：
- 任職資格包含學歷、經驗等硬性條件。
- 勝任力則強調個人內在素質，如價值觀、動機。

以下是其各自的適用範圍與條件：

任職資格體系適用於：
- 企業培訓體系不完善，需建立標準化培訓需求。
- 關鍵技術人才晉升管道受限，需開發職業發展通道。
- 技能型人才較多的企業。

勝任力模型適用於：
- 企業擴張期，需快速甄選高潛力人才。
- 中高階管理人才的選拔與培養。
- 企業希望提升員工績效，並有足夠財務資源支持。

無論是「勝任力模型」還是「任職資格體系」，都是為了打破憑感覺或單純看業績提拔員工所導致的窘境。其核心目標都是提高企業人才管理的科學性與有效性，並避免員工因晉升而陷入彼得原理的困境。

勝任力更為細緻和多樣地考察了一個職務的能力素質，例如：某職務需要溝通能力、領導能力、自信心、應變能力、敏感度等等。而任職資格，就像是路標，告訴你一站接一站，引導你走向成

彼得原理
Peter Principle

功,並且告訴你這一站要做什麼,下一站要做什麼,更為實際。

任職資格相對來說風險小,是通過一至兩年的能力、行為和成果的考察,更為準確,勝任力往往用於幹部提拔,立竿見影。

「勝任力模型」更適用於希望提升績效、發掘與培養高潛力人才的企業,透過明確的行為標準與績效指標來評估個人能力,確保晉升者具備所需素質,適用於需要提升績效與選拔高潛人才的企業。而「任職資格體系」則偏向確立職位標準,建立清晰的職級制度,確保晉升決策有據可依,避免因資歷或主觀因素導致錯誤晉升。兩者的合理結合,將有助於企業實現人才管理的最佳效能。

為了有效破除彼得原理,企業應結合這兩種方法,建立科學且靈活的晉升機制:

- **設立明確的晉升標準**:結合勝任力評估與任職資格,確保晉升者不僅符合基本資歷,還具備應對新職位挑戰的能力。
- **動態更新能力要求**:隨著市場與業務需求變化,應定期調整勝任力標準與職位資格,確保人才發展與組織需求匹配。
- **區分專業與管理路徑**:並非所有高績效員工都適合管理職位,企業可提供技術專家、業務骨幹等多元發展路徑,避免因錯誤晉升導致人才錯配。
- **建立持續培養機制**:透過針對性的培訓與發展計畫,確保員工在晉升前已做好準備,而非晉升後才發現能力不足。

如何運用 AI 去評估員工勝任力

要防止彼得原理（即員工被晉升到無法勝任的職位），企業可以運用 AI 來評估員工的勝任力（Competency Assessment），確保他們在具備足夠能力後才晉升。以下是具體方法與 AI 技術應用：

1 360度 AI 評估：綜合分析多方回饋

- AI 收集來自員工自評、主管評估、同事反饋、下屬意見，綜合分析勝任力。
- AI 比對不同層級的勝任力模式，確認具備升遷所需技能。

★ **應用案例**：Microsoft 使用 AI 分析員工反饋，確認管理潛力。

★ **技術點**：
- 自然語言處理（NLP）：AI 解析回饋文字，辨識關鍵詞（如「決策能力不足」）。
- 機器學習：比對高績效管理者的特徵，預測某員工能否適應新職位。

2 AI 預測晉升成功率

- AI 透過歷史數據，分析哪些因素影響晉升後的成敗機率。
- 企業可在晉升前，利用 AI 預測該員工是否能適應新職位。

★ **應用案例**：BM Watson Talent 可預測某員工是否適合升遷到特定管理層級。

★ **技術點**：回歸分析＆深度學習，即找出過去成功與失敗案例的關鍵變數（如：跨部門經驗、變革管理能力）。

❸ AI模擬測試：模擬真實管理情境

AI設計虛擬決策挑戰，測試員工在高壓情境下的決策與領導能力。透過VR＋AI可讓員工模擬應對團隊衝突、業務危機，測試是否適合擔任管理職位。

★ **應用案例**：Walmart使用VR＋AI訓練並測試未來主管的決策能力。

★ **技術點**：強化學習（Reinforcement Learning），即用AI觀察員工在模擬中的選擇，提供最佳化建議。

❹ AI追蹤「軟技能」成長曲線

AI透過日常工作數據，評估員工是否在溝通、決策、領導等方面成長。例如：分析員工在內部討論、郵件、會議中的語氣、影響力，評估是否已準備好晉升。

★ **應用案例**：Salesforce Einstein AI透過日常數據評估銷售主管的領導潛力。

★ **技術點**：語音與文字分析（Sentiment Analysis），即用AI解析語言表達方式，判斷是否具備領導風範。

How & Do
12
事先培養候選人所需的能力

★ ★ ★

　　另一方面，公司提供完善的教育訓練，也是一個好方法。對於態度良好的員工，拔擢之後應當給予相應的管理培訓，並花時間關注他們的成長，才能改善公司的業績。而提拔下屬時，應當著重於發掘他們的潛力和管理能力，才能提升公司的競爭力。

　　首先，公司應該在員工教育訓練課程中融入領導相關的內容。這不僅有助於潛在的領導者提前了解領導的基本原則和技巧，也能使他們在正式升遷之前，對領導角色有更深入的理解。例如，公司可以設計專門的領導力課程或講座，包含決策制定、衝突管理和團隊建設等方面的知識。這種提前培訓可以幫助員工在未來的管理職上更得心應手，即便他們最終沒有升遷為主管，這些領導技能也有益於他們去理解管理者的是如何思考的。

　　其次，安排導師是重要的一步。在培育新手主管的計畫中，公司應該安排經驗豐富的高層領導者擔任導師，這樣可以為新手主管提供實質性的指導和支持。有些公司往往在員工遇到難題時才啟動

輔導機制，這種做法就像是生病了才去看醫生，不僅無法有效解決問題，還會增加公司額外的成本。透過提前安排導師，新手主管可以在正式上任之前，與導師討論未來的工作計畫，了解可能遇到的挑戰，並獲得建設性的建議。這樣的支持不僅有助於新手主管更好地適應角色轉換，還能提高他們的工作信心和應對挑戰的能力。

導師可以依據CMM法則給予新手主管幫助，CMM法則是指Coach、Master和Mentor：

Coach就是要扮演教練的角色，因為部屬資歷淺，會的東西不多，甚至不了解什麼才是正確的，那麼做為導師，就應該告訴他哪些事情是該做的，哪些不該做。

Master是指要擔任引領他的角色，若部屬是因為專業技能仍未熟練，我們應該透過我們的專業，讓他能用他既有的知識經驗去解決所遭遇的問題。

Mentor則是指若部屬遭遇到的問題不是專業上的問題，而是想法或者心理上的問題，我們就要扮演他的良師益友，與他共同面對問題。

此外，從團隊中收集反饋也是新手主管成長的重要部分。雖然公司提供的培訓有助於提升主管的基本能力，但實戰經驗和團隊的反饋同樣不可或缺。建議在新主管帶領的部門中，定期安排機會收集團隊成員對主管的領導表現的回饋。這不僅能幫助主管了解自己在實際工作中的表現，還能驗證之前培訓的效果，並且根據反饋進

行必要的調整和改進。另外，建議將這些回饋獨立於年度績效評估之外，以免影響新手主管的壓力和接受反饋的態度。這樣的安排可以使主管更放鬆地接受反饋，從而促使他們的成長。

因此，透過在升遷前進行培訓、安排導師和定期收集反饋，公司能夠為候選人提供全方位的支持，使他們更快地適應新角色，提升領導能力，進而推動團隊和公司的整體發展。

如何運用 AI 進行智能培訓

企業透過 AI 在人才選拔與培訓上的應用，不僅能降低錯誤晉升的風險，還能發掘潛力人才。AI 智能培訓能夠有效提升企業管理職人才的培養效率，透過數據驅動的方式提供個性化學習體驗，使潛在管理者能更快速地發展關鍵技能。例如，Google 就是利用 AI 分析高效管理者的特徵，建立內部管理者培訓計畫「Project Oxygen」，大幅提升新晉管理者的績效。IBM 則是透過 AI 分析員工技能，推薦個性化管理培訓，確保潛力員工能夠快速成長。以下是具體的 AI 智能培訓的應用：

1 AI 智能評估與個性化培訓方案

AI 根據員工的工作表現、評測結果、職涯目標，自動推薦「個性化學習計畫」，確保晉升前先獲得必要技能。若 AI 發現某員工的

「決策力」不足,可推薦管理課程、模擬訓練,提升其勝任力後再晉升。根據學員狀況,推薦適合的課程、書籍、案例分析,確保學習內容與時俱進。例如,例如Udemy for Business & Coursera企業版使用AI推薦學習課程,確保員工的管理技能符合晉升需求。

- AI透過大數據分析員工的工作表現、決策風格、適應力等,預測哪些員工具備管理潛力。
- 機器學習模型可分析過往成功管理者的特質,並匹配內部員工,推薦適合培養的人選。
- AI根據個人能力評估,制定客製化的管理訓練計畫,涵蓋領導力、溝通、決策等關鍵技能。
- 可調整學習內容,確保學員在適合自己的節奏下成長。

❷ AI智慧導向的沉浸式學習訓練

透過AI智慧的模擬決策系統,讓學員在虛擬環境中練習管理技能,如:應對團隊衝突、危機處理、資源分配與決策……等,AI會根據學員的選擇提供反饋,幫助其優化管理決策。此外還可以進行虛擬實境訓練,透過AI + VR/AR模擬管理場景,讓學員在沉浸式環境中實踐領導力,像是讓新晉管理者在虛擬辦公室內練習與員工對話、召開會議、解決問題等。AI還會分析員工在模擬中的反應,提供改善建議。例如Walmart使用VR + AI訓練新主管處理客戶投訴、團隊管理等場景,提升應對能力。

③ AI虛擬導師（Chatbot＋語音助理）

AI可作為「智能導師」，提供即時學習與管理建議。例如：新晉升主管可詢問AI「如何處理團隊衝突？」，AI會根據最佳實踐提供建議。AI教練可根據語音識別和NLP（自然語言處理）分析管理者的語氣、談話內容，提供即時反饋，如：如何提升員工士氣？如何給予建設性反饋？如何進行績效評估？還可以透過AI分析管理者的溝通風格、電子郵件內容、會議表現等，提供改進建議。例如，AI可能會提醒某位管理者：「你在最近的會議中說話時間過長，應該多聆聽團隊成員的意見。」此外，AI還能輔助決策支援，透過數據分析提供管理決策建議，例如：根據團隊績效數據，推薦如何分配任務。或是分析員工情緒，建議管理者何時進行溝通或調整領導策略。SAP SuccessFactors公司就是提供AI智能教練，幫助新主管適應管理職位。

AI智能培訓能夠幫助企業以科學化方式培養管理人才，透過數據驅動的個性化學習、模擬管理挑戰、即時行為分析等方式，使新晉管理者能更快掌握核心技能，提升管理效能。隨著AI技術進步，企業將能更精準、有效地打造更稱職、適任的管理者。

彼得原理
Peter Principle

How & Do
13

如果升遷≠獎勵，還有哪些獎勵機制？

★★★

📍 不把升遷作為首要獎勵

我們從前文的討論可以看出，「彼得原理」現象最根本的原因，就是公司普遍將升遷作為一種「獎勵」。在這種「升遷＝獎勵」的風氣下，容易因為某員工在原領域表現優秀，而把他「獎勵」到不適任位置，也不容易將不適任者調回原位，因為這樣無疑是否定了這個「獎勵」，不僅對該人員是種傷害，對決策者而言更是尷尬。

因此，我們應該確認升遷人選足以勝任新職後，才以升遷做為獎勵的手段，否則不應輕率地進行升遷。

多個案例顯示，將升遷視為獎勵並不能真正激發員工的工作動力，升遷帶來的好處往往只是短暫的。同樣地，加薪可能短期內有效，但有很多高薪卻無所作為的技術人員、教師、業務員、工程師、行政人員和政客等比比皆是，這說明金錢並不足以有效激發工

作動力。

　　傳統的升遷制度往往缺乏足夠的靈活性來有效獎勵和激勵員工。在聘用各類專業人才的組織中，最好設立多條升遷管道。這樣，專業人才可以有自己的升遷路徑，就不用將升遷至管理職作為對優秀研究人員或技術專家的獎勵。

　　要有效激勵員工，獎勵系統需要滿足幾個關鍵條件：必須看起來是觸手可及、必須被認定為取決於能力表現、必須在合理的時間內提供。然而，升遷往往難以滿足這些要求。

　　因此，除了發放獎金、休假、加薪及職內升等的方式之外，還有以下幾個獎勵，可以作為留住人才的手段，而非一味地採用升遷這個方法。

★ 透過特殊待遇滿足優秀員工

　　在《彼得處方》中，勞倫斯・彼得提出了幾個方法，其中一種激勵方式是透過特殊待遇來滿足員工對地位的需求。現代公司常用類似的方法來體現不同的地位。例如，執行長的辦公室通常位於大樓的最高層，裝潢華麗，地毯厚實，辦公桌椅舒適；而職位較低者的辦公室則較小，裝潢也相對簡化。

　　透過改善工作環境的品質、舒適度和裝潢，也可以有效激勵員工的工作能力。例如，優秀的技師可以獲得選擇工作台或工作區的

彼得原理
Peter Principle

權利。在大型企業中，辦公室設施是地位的象徵，如以下設備：

- 辦公室門上的玻璃、鍍金、銅製名牌
- 玻璃隔板
- 連到天花板的隔板
- 辦公室的大小
- 窗戶的大小
- 帶窗的辦公室
- 窗戶加裝窗簾
- 辦公設備
- 會客沙發

透過這些獎勵方式，員工可以在原有辦公空間內獲得更多的獎勵。例如，一位資深設計師因為成功地完成了一個重要設計項目，並超越了預期的業績目標。公司為了表彰他的成就，為他的辦公室特別升級：除了重新裝潢外，還配備了高端的辦公家具和最新的科技設備，牆壁上掛著他的資歷、獎牌及大型形象照，並在辦公室內增設一個專屬的休息區。這些改變不僅優化了他的工作環境，也顯示了公司對他的高度重視。幾個月後，他因為持續出色的表現，又被授予了一個專屬車位，車位上方安裝了一個印有他名字的標牌。每當他走進辦公室或停車時，都能感受到公司對他的肯定和重視。這名設計師的成就和地位也反映在公司內部的系統中，例如獲得了專屬會議室的鑰匙，這是一個高層管理者專用的會議室，只有表現

卓越的員工才能獲得使用權。

電話及其周邊、辦公傢俱、辦公文具、桌上的立牌、刻有名字的筆、座椅、藝術品和裝裱的獎狀與證書等，都是可用於特殊待遇的獎勵物品。這些獎勵品類繁多，還能長期輪流使用，不會重複，並且在輪換過程中逐漸更新。

根據傳統觀念，同一個階級的辦公室就該用統一的配備。但是，不按照工作表現來提高工作場所的品質，雖然可以替公司省點小錢，但省下的錢卻不足以彌補可能失去人才的損失。

★ 表現優異者可以得到發揮創意的機會

給予表現優秀者充分發揮才幹的空間，滿足他們的自我實現需求，也是提升工作績效的有效策略。許多能力出眾的員工常常會感嘆無能力施展的空間，這種挫折感主要源於制式化體制中的各種規定和束縛。這些規定和程序往往將有才幹的員工困在僵化的框架中，限制了他們的創造力和自主性。當員工被迫遵循不靈活的程序和章程時，他們的心力和精力往往會被浪費在應付這些繁瑣的規定上，而非專注於實現實際的目標。

如果公司能夠改變這種情況，藉由授權給有才幹的員工，讓他們可以按照自己的方式工作或管理他們所負責的部門，這將大大提高員工的滿足感和工作動力。這種授權不僅僅是給予權力，更是給

予信任。當員工感受到自己能夠在工作中發揮個人創意和才華，並在自己的領域內進行實驗和創新時，他們的工作熱情和投入感會顯著升高。這種滿足感來自於能夠實現自我價值的體驗，而不是僅僅完成日常任務。

同時，這種做法還能促進員工的自我成長和專業發展。當員工能夠在實際工作中施展自己的創意和抱負時，他們不僅能夠提升自己的能力，也能更好地理解和適應行業趨勢與變化。這樣的成長和發展不僅有助於員工的個人職業生涯，也對公司的整體業務表現帶來積極影響。

總括而言，透過授權和鼓勵，讓有才幹的員工能夠自由發揮，這不僅能夠提升他們的工作滿足感和績效，也能促進公司的創新和進步。這是賦予優秀員工特權，也是企業留住人才的方式之一。

Plus 14

彼得原理VS帕金森定律

★ ★ ★

1957年，英國學者帕金森（Cyril Northcote Parkinson）根據其研究的海軍情況，提出了帕金森定律：

一位不稱職的官員或管理人員，可能會選擇三條出路：

一是申請離職，把位置讓給更有才幹的人。

二是讓一位能幹的人來協助自己工作。

三是聘用兩個水準比自己更低的人充當自己的助手。

第一條路退位讓賢通常是聖人才會這樣做，普通人不會這麼玩「自殺」；第二條路也不能走，因為能幹的下屬會很快就會成為自己的對手，與自己形成競爭關係，未來提拔誰可就難說了。於是，只能選擇第三條出路。

「帕金森定律」解釋了，組織中的官僚體系為何會隨著時間的推移而不斷成長。即便工作量沒有增加，官僚機構的規模和人數卻會逐漸擴大，這是因為組織內部的官僚體系會自己擴張，增加新的職位和層級，來滿足自身成長的需求。

彼得原理
Peter Principle

「彼得原理」和「帕金森定律」有密切的關聯，兩者要表達的都是組織和公司隨著發展總會不斷的臃腫膨脹，每個職位最後總是由不能勝任的員工所擔任。而且這兩個定律的提出時間也非常相近，「帕金森定律」於1958年提出，而「彼得原理」則於1960年提出，其實定律的提出有著深遠的時代背景。

二十世紀五、六○年代是美國經濟空前發展的階段，尤其是壟斷資本利潤急遽增加，大型公司紛紛成長，因此也就引發了人們對大公司效率降低現象的深入研究。

還記前文舉的例子嗎？一位新任副總因為無法負荷工作，所以新聘了一名副總助理，但副總助理因為不擅交際，也無法勝任副總助理一職，兩人都到達不適任等級，公司中還有許多其他問題，最終導致公司整體效率低下。這種情況其實就是「彼得原理」導出了「帕金森定律」——新任副總增加助理一職；而「帕金森定律」也導出「彼得原理」——助理被升遷至不適任職位。

因此，從某種意義上來說，我們可以認為「彼得原理」和「帕金森定律」從互為因果的兩個層面分別闡述了大公司產生的病症，彼得原理主要提出的是由於員工處於不斷向上爬的欲望，從而導致最終每一個職位都是由不能夠勝任的員工所擔任。而帕金森定律則順著此步繼續拓展，那就是當某個管理者覺得自己不勝任時，是會傾向於招聘幾位能力低於自己的人作為助手，長此以往，組織或公司就越來越膨脹，效率越來越低下。

認識這兩個原理和彼此的關係，不管是以個人的角度或是企業的角度，都能幫助我們維持、提高個人或企業的效率，避免陷入生產力持續下滑的死循環裡。

應用範圍與影響力比較

	帕金森定律	彼得原理
核心問題	資源浪費與行政效率低落 1. 隨著時間推移，組織部門和人員會不斷增加，即使工作量不變。 2. 多餘的官僚機構導致資源浪費與決策遲緩。	管理階層無能，影響決策與執行力 1. 企業員工會被晉升至其無法勝任的職位，導致管理層低效。 2. 公司長期發展受阻，創新與決策能力下降。
主要影響	組織規模與資源運用 資源膨脹：機構人員過多，降低運作效率，產生冗員與冗長的流程。	人才管理與晉升制度 人才錯配：管理層的無能者增多，導致決策錯誤、團隊士氣下降。
負面影響	• 工作被不必要地拖長，降低整體生產力。 • 部門擴張導致資金與人力浪費。	• 高層出現大量不勝任的管理者。 • 組織內晉升機制缺乏有效的績效考量，影響團隊運作。
解決方案	組織瘦身、工作效率提升 • 精實管理（Lean Management）：優化流程、減少官僚層級。 • 績效評估：確保工作效率與必要性。	管理者能力發展、重新設計晉升機制 • 能力導向晉升（Merit-Based Promotion）：根據技能匹配職位，而非單純依靠資歷晉升。 • 管理培訓：提升管理者的勝任力，避免「被動晉升」。

雖然「帕金森定律」與「彼得原理」看似關注不同問題，但它們的影響往往會相互作用。帕金森定律可能加劇彼得原理的影響，由於組織機構不斷膨脹，新的管理層級會增加，進而提供更多

彼得原理
Peter Principle

的晉升機會，使得更多員工晉升到無能階層，加劇「彼得原理」的問題。彼得原理可能促成帕金森定律的現象，由於不勝任的管理者往往無法有效地管理資源，他們可能會創造更多不必要的工作與流程，導致機構膨脹與效率下降，進一步驗證帕金森定律。

總結來說，帕金森定律影響的是組織架構與效率，而彼得原理影響的是個人能力與組織人才管理。如果一個企業沒有適當的管理與升遷制度，這兩種問題可能會同時發生，導致組織內部效率低下、管理層無能，最終影響企業競爭力。

⭐ 帕金森定律常見現象

以下是「帕金森定律」常見的現象，職場人可以用來評估自己的工作與生活，甚至用此來觀察公司是否有類似情形，並思考如何改善，或者作為評估是否適合繼續發展的依據：

❶ 專業職位由不專業的人擔任

俗話說術業有專攻，要把公司績效、營運發揮到最佳狀態，除了倚靠員工團結合作之外，老闆得先知道每個人的專長為何？應該擺放在哪一職位上才能令其發揮最強助力？如果職場上專業職位是由不專業的人士擔任，豈不是很可惜？（嚴重者可能會連帶影響其他人）

2 外行人領導內行人

老闆僅具某一領域的知識,卻頻頻否認下屬的建議?跨部門不尊重專業,總是干涉自己的工作方式?主管明明不是這方面的專家,卻想外行人領導內行人?前述這些情況也是你的困擾嗎?其實不難想像,當一個三流的主管來領導四流的下屬,或者主管和下屬擅長的領域完全不同,且彼此又不擅長溝通時,工作肯定難以推行,連帶影響效率。

3 工作效率低靡

工作效率是一種狀態,也是一種可傳染的氛圍,當一家公司有員工的工作效率低靡,就會開始影響周圍的同事,進而再擴大至整個部門,部門之間相繼傳染直至整家公司都呈現低效率狀態。前述我們有提到在工作能夠完成的時限內,工作量會一直增加,這並不是高效率的表現,反而會使員工認為「那我就不要提早做完,工作量就不會增加了!」長久累積對公司可謂一筆損失。

4 分工過細

低效率不一定是自身的工作能力有問題,而是在於「遷就他人」,例如:同事分工、跨部門合作等,過細的分工會拉長作業時間,也會降低效率。人資可以反過來觀察公司內部的作業分工,看看是否有重工的部分?是否明明一個人就可完成的工作,卻分給好

幾個人？是否有可以整合再優化之處？把員工放對職位，讓其發揮應有的價值，而不是被瑣碎之事纏身，整日工作都提不起勁。

⑤ 不必要的冗職、冗員

當一份工作切分成好幾個項目再分派出去時，組織體系就會開始膨脹，比如開始覺得人手不足，所以得招聘新的員工；覺得這應該是另一種專業，所以另闢了新的職位、部門……，為了讓這些新職位、新職員不要只單做一件事，也會開始製造很多非必要的工作內容、瑣碎流程，如此形成惡性循環。

為了有效解決帕金森定律所帶來的組織膨脹、效率減低與資源浪費等問題，可以採取以下具體方法：

❶ 組織瘦身（Lean Organization）

可以先精簡部門與人力，如設定人力成長上限：建立嚴格的人員編制審核機制，避免不必要的職位擴充。針對重複性職能的部門，進行整併或合併，提高協作效率。並以自動化取代冗餘工作，像是可以利用 AI、RPA（機器流程自動化）來減少人力需求，例如自動化報表生成、客服機器人等。另外，認真確保每個部門的存在都有其清晰的價值，可建立 KPI（關鍵績效指標）來衡量各部門對企業目標的貢獻，淘汰低效或冗餘部門。此外，將那些非核心的業

務，像是IT維護、行政等工作外包，減少內部組織的負擔。

❷ 提升工作效率（Productivity Optimization）

可以限制工作時間，來提升工作產出。透過設定任務時限來確保工作不會無限膨脹，例如採用「番茄工作法」或OKR（目標與關鍵結果）」來確保任務有清晰的完成時間。並減少不必要的會議，規範會議時間，避免低效會議浪費時間。強化績效管理，利用數據分析評估員工的工作效率，淘汰低效工作模式。推動目標導向管理（MBO），確保員工專注於產出，而非填補時間。

❸ 組織文化轉型

推動「扁平化管理」打破官僚文化，減少不必要的中層管理，建立更直接的溝通機制。讓基層員工擁有更多決策權，減少層層上報造成的時間浪費。並建立結果導向的考核制度，讓績效與升遷脫鉤，晉升應以「能力」而非「資歷」為依據，避免單純靠年資就升職的現象。另一方面可設定「精簡管理獎勵」，鼓勵員工與主管提出改善流程、減少浪費的建議，提升整體效率。

❹ 企業AI智能化轉型

引進AI與自動化技術應用，利用AI來自動化處理重複性工作，如報告生成、數據分析、客戶管理等。或是運用數據分析來找

出低效部門與流程，定期進行組織優化。推動遠端工作（Hybrid Work），以減少辦公空間與人員需求，提高靈活性與生產力。並善用Trello、Slack、Asana來提高跨部門協作效率，減少層級溝通障礙。

　　解決帕金森定律的核心關鍵在於「控制組織擴張、優化工作效率、減少層級與官僚文化」。企業應採行數位化、績效導向、精實管理等方法，確保資源運用得當，避免無效的行政膨脹影響企業競爭力。

Plus 15
彼得原理 VS 呆伯特法則

★ ★ ★

　　呆伯特法則是指1990年代一個諷刺意味的觀察：認為公司傾向於把工作能力最差的員工提升到管理層，來將他們能對公司造成的損害減至最低。

　　「呆伯特法則」（Dilbert principle）是彼得原理的變化。彼得原理指在階層式組織或企業中，人會因其工作出色，而被擢升到他往往不能勝任的高級職位，而變成組織的障礙物（冗員）及負資產。

　　而在「呆伯特法則」中，被升遷的人則是沒有能力的，升遷他們只是為了降低對組織的損害。至於為什麼會發生這種現象，亞當斯解釋道：僅僅因為一些無能管理者不希望雇用能力優秀的人，怕會威脅到自己的位置。

　　呆伯特法則與彼得原理中提到的雞肋升遷十分類似，都是在講述沒有能力的人被升遷到高層，只不過呆伯特原理更多的是由基層小人物視角看出來的世界，受到許多基層小人物的認同和喜愛。

　　創立這個名詞的史考特・亞當斯（Scott Raymond Adams）是

彼得原理
Peter Principle

呆伯特漫畫的創作者。1996年亞當斯在華爾街日報一篇文章中解釋此法則（The Dilbert Principle），指出公司傾向於將無能的員工提拔到管理職，因為讓他們留在基層會妨礙實作工作，管理職看似高位，實則遠離「實戰」，所以更安全，這是一種「傷害控制」策略。可以說晉升是為了「隔離無能員工」，而不是獎勵能力者。然後同年在一本同名著作中，進一步探討了該法則。該書在一些管理及商業課程中，被列為必須或推薦讀物，售出逾一百萬冊，更登上《紐約時報》暢銷書榜長達四十三週。

他還在20世紀80年代後期根據自身工作多年的經驗創作了系列的呆伯特（Dilbert）諷刺漫畫（這也是呆伯特法則名稱的來源）。在漫畫中，呆伯特是個人情不通達但技能過硬的工程師，任職於一家不知名的科技公司，他的同事、上司都被作者賦予了真實職場裡各種稀奇古怪的「人格」。無數讀者都熱衷於通過E-mail向他分享自己工作中關於管理失誤、疏忽和一些怪象的故事。

比如有些公司為了讓員工方便出差就購置了筆記本電腦，但隨後管理層又為了防止電腦被盜，竟將電腦永久地「釘」在員工的辦公桌上。

再比如高管對基層員工的意見視而不見，高價請來外部諮詢公司為公司出謀劃策。這時候諮詢公司轉而向基層員工訪查意見，隨後將這些意見整理成建議轉交到高管那兒，有了諮詢公司的加持，很快就被批准通過。諸如此類的小故事，在商界激起千層浪，引起

強烈共鳴。

亞當斯諷刺地說，真正的聰明人或專業人士都不在管理階層，但這同時也是商業世界裡最荒謬的一件事：把能力最差的人，放在一個對每個工作者的成果影響重大的位置上。

這種對於管理階層的辛辣譏諷，雖然在商業世界裡觸發了工作者的強烈反應，並且得到了廣泛的迴響，卻也為亞當斯帶來了「反管理大師」的封號。

亞當斯對此的反應是，他認為自己所創作的漫畫，只是在提供一個被困在辦公室小隔間員工的觀點，這和許多顧問和管理大師所宣揚的理念是非常不同的。在亞當斯看來，顧問和大師比較像是乘著降落傘從天而降，跟高階主管聊聊天，離開時根本不知道員工在想些什麼。亞當斯無意對於職場問題或管理議題提出解決方案，他只是選擇站在員工的角度來看事情。

同時，這個理論在商界和管理階層亦得到支持，例如前蘋果電腦巨頭蓋伊・川崎說過：「公司有兩種，一種知道他們就是呆伯特，另一種還不知道自己也是呆伯特。」達克效應是也！

在 AI 時代，彼得原理讓我們反思：能力升級，不能只靠經驗累積；呆伯特法則則提醒我們：制度若不變，智慧反而被體制消磨。真正的升職，不只是頭銜變了，而是認知、策略與實踐力同步升級。

PART

3

AI 賺錢術

在 AI 全面滲透生活與工作的時代，賺錢的方式也正在改寫。「AI 賺錢學」不是教您寫程式，而是教你如何用 AI 打造收入模式──從內容創作、行銷自動化、商業決策、到投資與個人品牌經營，讓您不再只是觀望 AI，而是真正讓 AI 為您工作、為您賺錢。

用對工具，讓您多一份收入不是夢，不是懂 AI 才能變現，而是懂得怎麼用 AI，接下來將帶您掌握零技術背景也能上手的 AI 變現方法，學會用 AI 創造收入。

AI MONEY-
MAKING

Basics & Strategies

1

用 AI 賺錢的基礎概念與優勢

★★★

　　如果你打開新聞或社群媒體，幾乎不可能錯過 AI 的話題：AI 寫文案、AI 做簡報、AI 畫圖（像是現下很流行的用 AI 製作專屬個人公仔、LINE 貼圖、吉卜力畫風個人專屬插圖）、AI 當你的秘書……但這些工具，跟你我日常真的有關係嗎？答案是：不只是有關係，而是已經影響到你怎麼工作、學習，甚至怎麼生活。例如，拍一下藥袋，AI 幫你讀出藥名、劑量與注意事項；拍下冰箱內的食材，AI 幫你配晚餐食譜；拍一張租屋合約，幫你標出不合理條款……這些能力以前要靠專家、Google，甚至律師，現在 AI 可以做到「秒懂又解釋」，重點是：用手機就能搞定。

　　AI 不是未來趨勢，是你今天的生活助手！AI 的發展已從「概念」轉為「工具」，你不需要是工程師、不需要會寫程式，甚至不需要很懂科技，只要願意用，它就能幫上你。對你我而言，如今「AI 不是選擇題，而是生存題。」在工作、生活、創作上懂得運用 AI 的人，將會有超越一般人的五倍效率。

⭐ 現在不是學AI，是學怎麼用AI賺錢

AI很酷，但你最該問的問題不是：「AI多強？」而是：「我要怎麼用AI幫我賺到第一筆錢？」

無論你是創作者、SOHO、開店的、接案的，還是正在找「副業變現」靈感，以下三大趨勢，讓你看懂怎麼開始用AI賺錢，不再只是「學好玩」。

❶ 一人創業團隊變現力大升級

你不是賣「AI」，你是賣結果，AI只是你幕後的神助手。小編、SOHO族、老闆、創作者，都可以一人身兼多職。過去一支社群影片要三人做三天，現在你一人一小時就能完成。以前一個人只能接設計或文案，現在運用AI你可以：

- 自動生成簡報＋提案（用Gamma＋ChatGPT）
- 出社群貼文包＋懶人包圖片（用Canva AI）
- 幫品牌寫EDM、廣告文案、LINE訊息（用GPT＋SurferSEO）
- 一鍵剪片＋生成YouTube Shorts（用Pika Labs、Runway）

目前已有大量內容創作者靠「內容＋AI」月入5～30萬。做得快，接得多，效率就是收入。

AI 賺錢術
AI Monetization

❷ 知識變現再升級，用AI打造「智慧型產品」

把知識變成「會說話的產品」，AI幫你擴大規模，放大效益。你可能以前做過電子書、線上課程、講座筆記，那些內容現在可以透過AI轉換成：

- 互動式聊天工具（用Notion AI＋ChatGPT提問）
- 學習筆記生成器（上傳內容，AI幫你生成講義＋測驗題）
- 個人智慧助手（例如：你的理財觀念做成問答機器人）

你是會計師嗎？可以做個報稅問題生成器；你是業務高手嗎？可以整理成交話術做成腳本寶庫……越來越多專業人士開始推出「自己的AI工具包」，像「健身問答AI」、「考公職筆記AI」、「內容企劃神器」等，變現方式從一次性賣斷到長期訂閱。

❸ AI賺錢的門檻正在降低，你不用懂技術

如今不用寫程式、不用花大錢學，也能開始用AI變現，例如有人用GPT+Canva幫客戶做LinkedIn內容包，每月收費1萬；有人專接「將客戶網站內容轉換為FAQ AI助手」的案子，單價3萬起。而你也能找出你可以幫人「省時間」或「賺錢」的地方，用AI快速交付成果，建立產品化服務流程。例如：

- 用AI幫人做商品介紹＋開店文案（Shopee、小紅書）
- 幫老闆整理會議摘要＋製作決策建議（簡報變現）
- 幫網紅設計出片企劃＋腳本編排（流量換現金）

什麼是被動收入？

被動收入（Passive Income）是一種在初期投入資源後，能夠長期產生收益而不需要持續參與的收入來源。例如，租金收入、版稅收入、股票分紅，這些都屬於傳統的被動收入模式。在數位時代，內容訂閱服務、數位產品銷售和自動化商業系統等，已成為新型的被動收入來源。

相較於主動收入（Active Income，即以時間換取金錢的勞動報酬），被動收入的核心在於「系統運作，而非勞動換取」。它能讓你擺脫「以時間為單位的收入限制」，真正實現財務自由。

被動收入的特徵如下：

1. **初期投入需求高**：被動收入通常需要投入一定的資源，無論是時間、金錢還是專業知識。例如，開發數位產品、建立自動化系統或投資股票市場，都是初期投入的常見方式。
2. **長期穩定性**：一旦建立成功，被動收入系統通常具有長期穩定的收益能力，尤其是在基於數位技術的業務中，內容或服務的需求可能會隨著時間成長。
3. **系統驅動**：被動收入依賴於有效的系統，而非持續的勞動。這些系統可以是租賃協議、自動化銷售流程，甚至是AI智慧推薦的投資策略。

被動收入的重要性

1 時間自由

建立被動收入後，你將不再需要用大部分時間換取金錢，從而能夠專注於更重要的事情。例如，你可以花更多時間與家人相處、追求個人興趣或提升自我。時間自由是一種奢侈，能夠幫助你平衡生活與工作。

2 多重收入來源

依賴單一收入來源具有很大的風險，尤其是在經濟波動的時代。例如，一場疫情可能會導致整個行業停擺，但擁有多個被動收入來源的人能更好地抵禦這種無法預料的衝擊。多元化的收入來源可以讓你的財務狀況更加穩健。

3 減少工作壓力

當收入來源穩定且持續時，你將不再需要承受工作不穩定帶來的壓力。穩定的收入能夠為你提供更多的心理安全感，讓你有餘力去探索新機會或應對挑戰。

4 財富增值

被動收入系統一旦進入穩定運行階段，就能產生更高的複利效應。例如，利用被動收入購買更多資產，進一步增加財務資本。這

種收入模式能讓財富不斷滾動成長，最終實現財務自由。

以下是被動收入的常見來源：

1. **不動產投資**：例如，租賃房產或商用不動產，提供穩定的月收入來源。
2. **股息與投資**：股票分紅或債券利息能夠穩定帶來被動收入。
3. **數位產品**：例如電子書、線上課程或音樂版權，這些產品可以被多次銷售而不需要額外的投入。
4. **聯盟行銷**：透過推薦產品或服務，獲取佣金收入。
5. **自動化電子商務**：建立網路商店，並利用AI進行訂單處理與客戶服務。

如何透過AI建立被動收入

在數位時代，AI（人工智慧）正逐步改變我們的工作方式，特別是在建立被動收入的領域中發揮了關鍵作用。傳統的被動收入模式通常涉及大量的前期投入，如投資不動產、寫書、建立聯盟行銷網站等。然而，這些方法都需要長時間的努力才能獲得穩定收益。AI技術的發展打破了這種局限，使個人和企業能夠更快速、更有效地創造和管理被動收入來源。

以下是AI如何在建立被動收入方面突破傳統模式的四個關鍵領域，並深入探討其應用與策略。

1 自動化流程：大幅減少人力投入

AI的最大優勢之一在於自動化，這不僅可以減少人力成本，還能讓被動收入模式真正「自動運行」，例如：

▶ 內容創作自動化

- AI生成式技術（如ChatGPT）可用來創作部落格文章、電子書、社群媒體貼文，甚至是影片腳本。
- AI視覺工具（如DALL·E、Midjourney）可用來生成獨特的圖像或插畫，並用於販售數位資產。
- AI影片剪輯工具（如Synthesia、Runway ML）可用來自動生成短影音，這些內容可以透過YouTube廣告分潤、抖音變現等方式獲利。

▶ 產品推薦與聯盟行銷

- AI可以根據用戶行為和市場趨勢推薦合適的商品，提高聯盟行銷（Affiliate Marketing）的轉換率。例如，Amazon的聯盟行銷計畫可結合AI提供用戶個人化的產品推薦。
- 使用AI自動生成的內容來推廣聯盟行銷產品，例如利用ChatGPT自動撰寫SEO文章，提高網站排名與流量。

▶ AI虛擬助理與客服系統

- AI聊天機器人（如Chatbot、OpenAI Assistant）可用於自動處理客戶服務，讓電商網站、線上課程平台等無需人工客服、自動回覆用戶問題，提升銷售效率。

- 透過AI輔助的客戶互動機制，能令企業降低客服成本，將更多時間專注於產品優化與行銷策略。

❷ 精準市場分析：用AI鎖定高收益機會

AI在市場分析與數據挖掘方面的能力讓創業者能夠識別高回報的被動收入機會，包括：

◉ 熱銷產品與高需求課程發掘

- AI工具（如Google Trends、Helium10、Jungle Scout）可以分析市場數據，找出需求高但競爭低的產品，幫助賣家選擇適合販售的商品。
- AI可分析Udemy、Courser等線上學習平台的熱門課程，幫助知識工作者創建市場需求高的數位課程，賺取持續性的課程收益。

◉ SEO與關鍵字優化

- AI SEO工具（如SurferSEO、Frase.io）能夠分析搜尋趨勢，幫助內容創作者撰寫更容易獲得點閱的文章，以提高網站流量與廣告收益。
- AI可以自動生成標題與內文，提升點擊率，增加聯盟行銷與Google AdSense變現機會。

◉ 投資組合管理

- AI財務分析工具（如Wealthfront、Betterment）能夠幫助用

戶根據市場數據和風險偏好，自動調整投資組合，達成更穩定的長期收益。
- AI可根據歷史數據分析股票、加密貨幣、房地產市場趨勢，幫助投資者做出更明智的決策。

❸ 降低成本與提升獲利能力

AI可用於降低各種事業的成本，讓創業者更輕鬆地創造被動收入模式，例如：

▶ AI內容創作降低外包成本

過去，企業可能需要雇用寫手、設計師來產出內容，但現在AI可以大幅降低這些成本，例如：

- ChatGPT可撰寫部落格文章，降低寫作成本。
- Canva AI設計工具可快速生成高品質圖像，降低設計支出。
- Runway AI可用於影片剪輯，自動生成影片內容，節省剪輯時間與成本。

▶ 數位產品與AI應用

AI可以幫助個人或企業快速建立可販售的數位資產，如：

- AI生成音樂或圖像（如Soundraw、Artbreeder），這些作品可在NFT平台或數位市場（如Gumroad）販售。
- AI幫助開發SaaS產品，讓開發者能夠更快推出自動化軟體，並透過訂閱模式賺取長期收入。

◎ AI廣告投放與行銷

- AI廣告工具（如Facebook AI Ads、Google Ads AI）可以自動優化行銷活動，減少手動調整的需求，提升投資報酬率（ROI）。
- AI演算法能夠分析消費者行為，投放最具轉換率的廣告，確保行銷預算能夠獲得最大效益。

4 提高效率：讓被動收入真正自動化

AI能簡化複雜的工作流程，使創業者能夠用更少的時間達成更大的收益，具體應用包括：

◎ 全自動化網站與電子商務

- AI可建立並管理自動化電商平台，如Shopify＋AI插件，能夠自動選品、上架、調整價格，減少手動操作。
- AI可透過程式設計低代碼（Low-Code）或無代碼（No-Code）工具，如Bubble或Adalo，讓沒有技術背景的人也能建立獲利網站。

◎ 自動投資與機器學習交易

- AI交易機器人（如3Commas、Pionex）可以自動執行加密貨幣與股票交易策略，幫助投資者獲得穩定收入。
- AI風險管理系統能夠根據市場變動調整交易計畫，大幅降低投資風險。

AI賺錢術
AI Monetization

▶ AI自動化線上課程銷售

AI可用於生成和管理線上教育內容，例如：

- AI可自動將文字轉換為語音或影片，提升課程內容的多樣性與吸引力。

- AI可分析學習者行為，推薦適合且個人化的學習內容，提高學習參與度與銷售機會。

在這個AI高速演化的時代，財富創造的邏輯正在改寫。AI不只是工具，它是創造被動收入的新引擎——真正幫你賺錢的夥伴。

現在，無論你是內容創作者、自由工作者、創業者還是投資人，AI都能大幅減少人力成本與時間投入，放大個人產能、加速收入流動。從寫文案、製圖、剪片，到自動化行銷、精準數據分析、投資決策優化，AI讓這些工作不再依賴大量人力，甚至可以24小時自動運作，為你創造收益。這正是「對齊AI」的核心——你不是被AI取代的人，而是讓AI為你工作的人。當你懂得如何與AI協作、放對位置、用對工具，就能開始真正「用AI變現」。

未來，更多AI自動化商業模式將持續誕生，那些願意學會對齊AI思維、搶先上場的人，將會率先踏上財務自由的快車道。

Basics & Strategies

2

AI如何改變被動收入的格局

★ ★ ★

　　AI的興起改變了創業和賺錢的規則。從自動化內容生成到智能投資工具，AI不僅簡化了創造收入的過程，還提升了效率和準確性。

★ AI對於被動收入模式的影響

① 降低創業門檻

　　傳統的被動收入模式通常需要大量的資本投入與技術專業知識，例如建立實體資產或進行市場調查研究。然而，AI工具的普及使個人可以用低成本創建數位產品、自動化網路商店和生成專業內容。例如，利用ChatGPT、Notion AI、DeepSeek、GitMind Chat、Claude等AI工具，任何人都能快速生成高品質的文章或電子書。

② 提高生產效率

　　AI可以在短時間內完成過去需要數天甚至數週完成的任務，例

如大規模的數據分析或內容創作，節省時間與精力。例如，利用AI生成影片腳本或圖片設計，可以為內容創作者大幅縮短創作週期。

3 精準化決策

AI透過數據分析與預測模型，能幫助用戶識別利基市場，優化成本與資源配置。例如，AI工具可以分析網路行銷的廣告表現，實現更高的轉換率。

4 自動化運營

AI的自動化能力，讓企業家可以創建「24小時不間斷運行的商業機器」。從電子郵件行銷自動化到電子商務供應鏈管理，AI能讓系統在無需人為干預的情況下持續運作，實現真正的被動收入。

如何運用AI創造系統化被動收入

1. **內容創作與分發**：某位自由職業者利用AI工具（如Jasper、ChatGPT）自動生成SEO優化的文章，並建立利基網站，透過聯盟行銷每月穩定賺取數千美元。
2. **投資與理財**：使用AI理財助理（如Betterment、Wealthfront），自動分配投資組合並定期調整，實現穩定的被動收益。
3. **電子商務自動化**：透過Shopify和AI外掛程式自動生成產品

描述、優化價格和廣告投放,打造自動化經營的商店。

4. 數位教育:利用 AI 工具生成線上課程內容,並透過平台如 Udemy 或 Teachable 銷售,創造長期穩定的收入金流。

AI 的出現讓被動收入的實現變得更加簡單與高效。隨著技術的不斷進步,AI 賺錢機器將在未來變得更加普及與強大,任何人都可以透過學習與應用,踏上財務自由的道路。

★ 必備的資源與工具:AI 技術入門指南

想要建立屬於自己的 AI 賺錢機器,了解並善用合適的工具和資源是必不可少的。以下將列出幾種核心的 AI 工具和學習資源,幫助你快速入門。實用的AI資源與工具分類有:

1 內容生成工具
- **ChatGPT**:用於撰寫文章、回答問題、創作腳本。
- **Jasper AI**:專用於優化內容行銷的寫作助手。
- **Canva AI**:快速生成設計模板與視覺內容。

2 自動化行銷工具
- **HubSpot**:整合式行銷自動化平台。
- **Mailchimp**:用於電子郵件行銷自動化的工具。

❸ 電子商務工具

- **Shopify**：建立網路商店並整合自動化功能。
- **Zyro AI**：快速生成產品描述和網路商店設計。

❹ AI 投資工具

- **Betterment**：自動化投資與資產管理平台。
- **Alpaca API**：適合開發自動化交易策略的開源 API。

❺ 學習資源

- **Coursera 和 Udemy**：提供各類 AI 技術與商業應用課程。
- **OpenAI 官方文件**：學習如何使用各式 AI 工具和 API。

那麼要如何選擇適合自己的工具？首先要先明確自己的需求，根據你的被動收入目標選擇工具（內容創作、商務運營或投資管理）。然後再選擇幾款工具進行試用，根據結果進行調整與優化。可以將不同工具整合成一套工作流程，例如，使用 ChatGPT 生成內容，並用 Mailchimp 自動分發，或是使用 ChatGPT 編寫電子書，透過 Canva 設計封面，然後利用 Shopify 銷售，最終使用 HubSpot 追蹤銷售數據。

AI 世代最重要的是要持續學習新工具，因為 AI 工具日新月異，保持更新能幫助你及時掌握最新的趨勢與機會。並且要定期檢

視各工具的效能，移除低效能的工具，專注於能帶來高回報的資源。

想要成功打造AI賺錢機器，不能只仰賴技術和工具，還需要具備正確的心態。以下是幾個關鍵的成功要素：

❶ 持續學習

AI技術發展迅速，定期學習新知識是保持競爭力的關鍵。參與線上課程、關注行業相關Podcast或加入專業社群，都能幫助你了解最新的應用趨勢。你可以利用Coursera、Udemy等學習平台來學習與AI應用相關的課程，或訂閱行業新聞，了解最新的技術突破。

學習不僅限於技術層面，還包括商業模式的分析。例如，了解其他成功者如何利用AI工具實現被動收入，從他們的經驗中學習，能幫助你少走彎路。

❷ 擁抱創新

在快速變化的市場中，僅僅依靠過去的成功經驗是不夠的。你需要持續測試新的商業模式和策略，例如探索新的利基市場或嘗試使用最新的AI工具。創新並不一定會完全顛覆過去的模式，也可以是對現有流程的優化。

例如，你可以將不同AI工具結合使用，創造一套無縫的工作流程。假如你是一名內容創作者，除了使用ChatGPT、DeepSeek撰

寫文章，還可以搭配Jasper AI進行優化，或者使用Canva AI設計圖像，為讀者提供更加豐富且多元化的內容體驗。

❸ 接受失敗並快速調整

在實現被動收入的過程中，無可避免會遇到挑戰和失敗。關鍵是快速分析問題並做出調整，將經驗轉化為成長的基石。每一次失敗都是一次學習的機會，幫助你更深入地了解市場和用戶需求。

比如，在測試新的產品或服務時，如果最初的轉換率不理想，可以分析數據，找出原因並進行改進。AI工具的強大數據分析能力，能夠幫助你快速定位問題，例如廣告投放效果不佳或用戶對產品功能不滿意，定位問題後可立即做出調整。

❹ 保持長遠的目光

建立被動收入系統需要時間和耐心，不要期待能夠一夕致富。將目標設定在一年或更長的時間範圍內，專注於穩定成長。

長期視角的另一層含義是要不斷更新和升級你的系統。例如，AI技術會隨著時間不斷進步，一些新的工具可能會比舊的更高效，這時你需要再投入時間學習並進行更新，以保持競爭力。

此外，長期的耐心和專注，還能讓你逐步累積資源和信譽。例如，建立一個高流量的利基網站，可能需要數月甚至數年的時間，可是一旦成功，它將成為穩定的收入來源。

Basics & Strategies

3

打造屬於自己的 AI 賺錢生態系統

★ ★ ★

成功利用 AI 打造穩定的收入來源只是第一步，如何將這些收入系統整合、規模化並持續優化，是邁向財務自由的關鍵。接下來將探討如何運用 AI 建立一個多元化的賺錢生態系統，讓你的收入來源彼此互補、穩定成長，並實現長期的財務自由。

📍 跨平台整合：讓多個收入來源互相支持

為什麼要跨平台整合？在當前的數位經濟中，單一收入來源可能會受到市場波動的影響。跨平台整合不僅能降低風險，還能將不同平台的優勢最大化，形成收入來源的良性循環。其應用實例有：

1. 內容與電子商務聯動

- 在部落格或 YouTube 頻道上分享有價值的內容，並將觀眾引導到你的電子商務平台進行購買。
- 使用聯盟行銷連結，賺取額外佣金。

2. 課程與訂閱服務結合

- 將線上課程與訂閱服務結合，例如提供高階會員專屬的進階課程或專屬私密社群。
- 使用AI工具自動化管理訂閱流程，提升用戶體驗。

3. 社群媒體與數位產品銷售

- 利用社群媒體平台（如Instagram、TikTok）建立個人品牌，並推廣電子書、線上課程等數位產品。
- AI工具（如Buffer或Hootsuite）可以自動安排內容發布時程，提升內容觸及率。

一名健身教練透過YouTube分享免費運動教學視頻，並在影片描述中附上線上課程連結和相關運動產品的聯盟行銷連結。透過這種方式，她每月穩定獲得5000美元的收入，並吸引了更多的付費用戶加入她的專屬會員計畫。

⭐ 如何規模化：將成功策略複製到新市場

什麼是規模化？規模化是指將已證明有效的業務模式擴展到新的市場或平台，從而實現收入成長的過程。規模化的步驟如下：

1. **分析現有成功因素**：使用AI工具分析你的核心業務策略，找出吸引客戶和提升收入的關鍵因素。
2. **選擇適合的新市場**：利用AI市場調查工具（如SEMrush、

Ahrefs）分析不同市場的需求和競爭情況，確保欲進入的市場有一定的開發潛力。

3. **複製並優化策略：** 在新市場中重複使用已成功的內容、行銷和銷售策略，並根據當地文化和需求進行調整。
4. **自動化運營：** 使用 AI 行銷工具（如 Zapier、Integromat）自動化重複性流程，例如內容發布、數據分析及處理與客戶互動相關的重複性工作，如：自動回覆常見問題。

一家專注於教育科技的公司最初只在本地市場提供線上課程，後來透過 AI 翻譯工具將課程內容轉換為多種語言，並在國際市場推出。短短一年內，國際市場收入已超過本地市場的三倍，商業模式成功從本地到全球的規模化。

⭐ 持續優化：用 AI 數據分析驅動收入成長

某內容創作者利用 Google Analytics 分析其電子書的銷售數據，發現特定章節特別受歡迎，於是將該章節擴展為單獨的線上課程，最終讓月收入增加了 40%。因此我們要多多善用 AI 數據分析的核心功能，來確保收入的穩定成長。

1. **用戶行為分析：** AI 工具（如 Google Analytics、Hotjar）能深入了解用戶在網站上的行為，例如點擊路徑和停留時間，幫助優化用戶體驗。

2. **內容效能追蹤：**分析不同內容的點擊率、轉換率和分享次數，找出最能吸引用戶的主題和形式。
3. **收入來源診斷：**結合財務數據，AI能識別哪個收入來源表現最佳，並建議資源分配優化方案。

如何實現持續優化？可以定期回顧數據，設置每月或每季檢查內容和收入表現的流程，並利用AI工具自動生成報告。還能透過使用A/B測試驗證新策略的效果，根據結果迅速調整計畫。當然還要持續關注AI工具的發展，將新技術應用於業務流程中，例如聊天機器人、語音搜尋優化等。

從被動收入到財務自由

如何邁向財務自由？首先要先確定自己每月的被動收入目標，並制定實現該目標的具體計畫。並設計與建構系統化流程，使用AI自動化工具處理日常運營，將精力集中於戰略性決策。並不忘持續學習新技術和行業趨勢，並嘗試創新的商業模式。而建立長期收入藍圖的要素如下：

1. **多元化收入來源：**確保收入來源分散，例如結合內容創作、

電子商務、聯盟行銷和訂閱服務。

2. **穩定的被動收入機制**：投資時間建立自動化的系統，確保收入來源在最少干預的情況下持續運作。

3. **可持續的成長策略**：持續投入資源於新技術和市場，確保業務能適應未來的變化。

例如一位自由職業者從撰寫電子書開始，利用AI工具逐步擴展到線上課程、聯盟行銷和訂閱服務，最終在五年內實現了每月穩定的六位數收入，達成財務自由。

在這個AI加速改變世界的時代，知識不再是優勢，而是基本生存條件。問題不在於AI會不會取代你，而是——你懂不懂得對齊AI。對齊AI，代表你看懂了它的能力、局限與節奏，能與它並肩作戰，不被淘汰。而更重要的，是你能不能在這個過程中，用AI賺錢、創造價值，實際變現。

AI賺錢術
AI Monetization

AI Applications

4

自動化內容創作：用AI打造內容帝國

★ ★ ★

　　AI的快速發展使得內容創作的門檻降低，讓任何人都有機會打造屬於自己的內容帝國。透過使用AI工具，你可以創建優質內容、吸引目標受眾，並建立穩定的被動收入來源。接下來將介紹如何利用AI技術在部落格、電子書、社群媒體等領域實現內容自動化，並保持創作的可持續性與高效性。

★ 建立部落格與內容網站

　　可以透過SEO與AI生成器吸引流量，並利用AI提升部落格內容品質。建議做法如下：

❶ 主題研究與關鍵字分析

　　利用AI工具（如Ahrefs、Semrush），你可以快速找到受歡迎的主題和高流量的關鍵字，這些將是吸引讀者的重要起點。這些工

具還能幫助你分析競爭對手的內容策略，識別市場空白點。

- **快速主題挖掘**：AI能分析熱搜趨勢和讀者需求，確保你創作的內容符合市場需求。
- **高效關鍵字篩選**：透過關鍵字難度和流量預測，鎖定能帶來最大效益的詞組。

2 高效撰寫優質文章

使用AI內容生成工具（如ChatGPT、Jasper AI、DeepSeek），可以快速生成基於流量關鍵字的高品質文章，並根據SEO原則進行優化。AI工具能生成標題、副標題和內文，幫助提升讀者的停留時間。

- **標題優化**：AI可生成多版本標題提供選擇，增加點擊率。
- **內容結構建議**：基於用戶閱讀習慣，自動生成清晰且容易閱讀的文章框架。
- **SEO提升**：自動建議內部連結與外部參考資訊，提升文章在搜尋引擎中的表現。

3 自動更新與擴展內容

定期更新舊文章是SEO的關鍵。AI可以分析你的文章表現，並自動建議更新策略，例如增加新的數據或案例，確保你的內容保持競爭力。

- **表現追蹤**：AI可監測每篇文章的流量變化，協助調整更新優先順序與細節內容。
- **新增案例與數據**：基於最新趨勢，自動添加相關的內容更新，讓文章持續吸引讀者。
- **用詞和語境優化**：使用AI工具調整文句與語氣，使內容更加符合目標受眾的喜好。

那麼，如何透過AI實現流量成長呢？例如某利基網站經營者使用ChatGPT每週生成五篇文章，並搭配Yoast SEO插件優化文章結構。短短三個月內，網站流量成長了200%，且開始產生穩定的廣告收入。其成功策略如下：

1. **選題精準化**：使用AI工具分析熱門趨勢，選擇高搜尋量、低競爭的主題。
2. **結構優化**：AI自動建議文章的最佳格式，讓內容更容易被搜尋引擎和讀者接受。
3. **長尾關鍵字應用**：針對利基市場，AI能夠挖掘長尾關鍵字，提升自然流量。

電子書與線上課程

可以善用AI工具來撰寫、設計與銷售知識產品。以下是用AI創作電子書的流程說明。

❶ 選擇主題與架構

使用AI工具（如ChatGPT、Claude）生成電子書的目錄或章節大綱，快速確定適合的主題範圍。

- **市場需求調查**：利用AI工具分析熱門話題，確保內容具有一定規模的市場需求。
- **章節結構分解**：AI提供章節撰寫建議，讓電子書的架構清晰且具有邏輯性。

❷ 撰寫內容

AI可以協助撰寫每個章節的內容，並提供語法檢查、語氣調整等功能，確保內容易於閱讀又具備專業度。用Notion AI或Canva Docs梳理段落與排版。

- **快速創作**：根據關鍵字生成核心內容。
- **風格調整**：根據目標讀者調整語氣和風格。
- **即時校對**：自動檢查錯別字和語法錯誤。

❸ 設計封面與版面

借助Canva AI，你可以快速生成吸引人的封面設計，並搭配既有的模板排版電子書的內頁。

- **封面設計**：使用AI工具生成專業且吸引眼球的封面。
- **內頁排版**：AI自動生成適合閱讀的版面設計，提升電子書的

專業感。

而針對線上課程的開發與銷售，我們可以運用AI工具進行以下的操作，達到降本增效的目標：

1 課程規劃

使用AI生產課程腳本和學習材料。

- **大綱設計**：AI提供課程框架，確保內容循序漸進。
- **素材整理**：AI自動整理相關資源，讓課程更具深度。

2 多媒體素材創建

AI工具（如Pictory或Lumen5）可以將你的文字內容轉換成影片素材。

- **影片腳本生成**：AI提供簡潔清晰的影片腳本。
- **視覺效果設計**：AI自動匹配圖像與動畫，增強視覺吸引力。

3 行銷推廣

AI行銷工具（如HubSpot或ActiveCampaign）能協助設定自動化郵件流程，增加課程的曝光率。

- **目標用戶識別**：AI根據用戶行為數據鎖定潛在客戶。
- **多重管道推廣**：自動化管理電子郵件、社群和廣告投放。

一名營養學專家利用ChatGPT完成了80%的電子書內容撰

寫，用Canva設計封面，然後在Amazon Kindle Direct Publishing上架銷售，成功利用AI出版電子書。短短一個月內就賺取了5000美元的收入。其成功要訣有以下幾點：

- **高效創作**：AI縮短了內容撰寫和設計的時間。
- **專業包裝**：利用AI生成高專業感的封面和排版，提升了電子書的銷售潛力。
- **精準行銷**：AI協助精準鎖定有興趣的讀者群，提升轉化率。

★ 創建社群媒體內容

以下教你如何快速生成吸睛貼文與影片腳本，並如何利用AI優化社群媒體內容。

① 文案與標題生成

使用AI工具（如Copy.ai或Writesonic），你可以快速生成引人注目的社群貼文文案，搭配創意標題提升點擊率。

- **標題多樣化**：AI生成多種標題選項，適應不同受眾需求。
- **吸引力優化**：AI根據熱門趨勢調整文案語氣，增加互動性。

② 圖片與短片創作

AI平台（如Canva、RunwayML）可以協助設計圖文並茂的貼

文，或是剪輯短影片，提升品牌在視覺上的吸引力。

- **高效設計**：AI自動生成專業圖像和排版，無需設計背景。
- **影片剪輯**：AI根據腳本自動完成短影片的剪輯與特效添加。

❸ 數據分析與策略改進

社群媒體分析工具（如Hootsuite Insights）結合AI功能，可以追蹤貼文的表現數據，並提供改進建議，幫助優化發文策略。

- **互動數據分析**：AI提供精準的互動數據並進行資料分析，識別高效內容類型。
- **建議改進**：根據後台表現數據，自動生成改進內容的策略，可有效提高點擊率。

❹ 影片腳本的內容生成

AI不僅能生成社群貼文，還能為你的影片創建腳本。例如，使用Jasper AI或ChatGPT，你可以根據熱門話題快速生成影片腳本，並進一步擴展內容，讓你的影片更具吸引力。

- **快速生成腳本**：AI根據熱門關鍵字創建結構清晰的腳本。
- **內容擴展**：基於初稿腳本，可用AI增加更多細節或示例。

一位小型企業主利用AI工具創建每日在Instagram上的貼文，並搭配短影片推廣新產品。在短短兩個月內，粉絲追蹤者增加了30%，銷售額提升了20%。其成功要點如下：

- **多樣化內容策略**：結合 AI 生成的文案、圖像和影片，吸引不同偏好的受眾。
- **數據驅動決策**：透過 AI 分析工具，持續優化內容發布時間與形式。
- **重點用戶互動**：AI 自動回應用戶評論，提升社群參與度。

★ 用 AI 創作高價值內容，建立穩定被動收入

1 採用多平台策略

將 AI 生成的內容發布到不同平台，例如部落格、YouTube、Instagram 和 TikTok，確保內容的覆蓋率與曝光度最大化。從廣告分潤到聯盟行銷，每個平台都能成為潛在的被動收入來源。

- **內容同步發布**：利用 AI 工具（如 Buffer 或 Hootsuite）自動化管理多平台內容發布。
- **平臺特製策略**：根據不同平台的特性（如短視頻、圖文）調整內容格式，提升曝光效果。

2 利用數據驅動內容創作

AI 工具（如 Google Analytics 和 Hotjar）可以分析用戶行為，幫助你識別受歡迎的主題，從而調整創作方向。結合 AI 自動化工具（如 Zapier）將數據應用於內容計畫中，實現精準的內容輸出。

- **用戶偏好分析**：根據地區、年齡和行為數據，分析內容受眾與目標用戶，生成精準內容策略。
- **動態調整**：AI根據即時數據更新內容主題，確保符合當下趨勢與熱門話題。

❸ 持續優化與測試

AI可以幫助你快速測試不同的內容形式，並根據用戶的反應進行優化。例如，A/B測試工具結合AI，可以自動分析哪種標題、封面或主題能夠吸引更多讀者。

- **快速實驗**：在短時間內測試多種內容，篩選最佳方案。
- **數據驅動改進**：AI提供測試結果分析，優化未來創作方向。

❹ 重複利用與內容升級

AI能將現有內容進行改編和升級，例如將網路文章改編成短影片腳本，或將電子書內容轉換成線上課程。這種策略能夠以最少的時間成本產出更多價值。

- **多媒體轉化**：AI將長篇內容分解或重新生成為短篇視頻、貼文或Podcast腳本。
- **內容迭代**：基於舊內容的數據表現，由AI提供升級建議，使其適應新受眾的需求。

+AI 的電子商務與產品銷售

AI Applications 5

✦✦✦

AI 技術的進步正在逐步改變電子商務的運作方式,從產品選擇到客戶服務,無一不受到 AI 的影響。透過自動化和數據驅動的決策,AI 幫助商家提升營運效率,優化用戶體驗,實現收入與效益最大化。以下將說明如何利用 AI 工具在電子商務事業中獲得成功,並分享實際應用的策略與案例。

⭐ 使用 AI 選品工具找到利基市場

選品是成功的關鍵!在電子商務中,選擇適合的產品是成功的基礎。找到需求量大、競爭適中的利基市場,能幫助你快速打入市場,吸引目標客群。我們可以利用 AI 來協助選品,做法如下:

1. **市場需求分析**:AI 工具(如 Jungle Scout、Helium10)能夠分析各種產品的銷量、趨勢和競爭情況,幫助商家識別潛在熱門產品。

2. **用戶行為預測**：AI透過分析消費者的搜索行為、購買歷史和評價數據，預測哪些產品會成為市場爆款，從而實現精準選品。

3. **利潤率計算與優化**：使用AI計算每個產品的成本、運輸費用和潛在利潤，確保選擇的產品具備足夠的盈利能力。

某初創電商品牌透過Jungle Scout發現了一款熱門但市場需求量供應不足的健身器材，並迅速投入生產與銷售。短短六個月內，該產品的月銷量超過5000件，成為其核心收入來源，就是利用AI找到市場縫隙（未被滿足的需求）的。

⭐ 自動化經營網路商店

利用AI來優化產品描述可以提升產品變現轉換率。做法如下：

1. **AI生成優質文案**：工具如Jasper AI和Writesonic，可以幫助自動生成SEO優化的產品描述，並強調產品的賣點，吸引消費者點擊連結與購買。

2. **多國語言轉換**：AI翻譯工具（如DeepL）能快速將產品描述翻譯為多種語言，幫助商家進入國際市場。

3. **A/B測試與優化**：利用AI平台（如Optimizely）對不同版本的產品描述進行測試，找到變現轉換率最高的表述方式。

利用AI進行自動化客服，可以有效提升客戶滿意度，AI可以

做到如下效果。

1. **AI聊天機器人**：工具如ChatGPT或Zendesk AI，可以提供24小時全年無休的自動化客服，解答顧客的常見問題，例如送貨狀態、退換貨服務等。
2. **個人化推薦**：AI能夠根據客戶的購買歷史和偏好，提供量身訂製的產品建議，提升加購或回購的機會。
3. **用戶回饋分析**：AI可以分析客戶的文字回饋，幫助商家及時解決問題，避免負面評價的擴散。

⭐ 利用AI生成廣告素材，精準投放廣告

自動化生成廣告創意也可以借助AI工具，如Canva AI和Runway ML等，能根據產品特點自動生成高品質的廣告素材，無需專業設計技能。並使用Copy.ai或Jasper AI，快速撰寫吸引消費者的廣告標題與文案，增加點擊率。

在精準廣告投放方面，AI可以幫助我們做到如下：

1. **受眾細分**：AI平台（如Facebook Ads Manager或Google Ads）能根據用戶行為數據進行受眾細分，確保廣告觸及最有可能購買的群體。
2. **實時優化廣告表現**：AI能根據廣告數據（如點擊率、轉換率等）進行分析，並自動調整預算分配與投放策略，提升投

資報酬率（ROI）。

某電商品牌就是使用Jasper AI撰寫廣告文案，並結合Facebook Ads的AI分析功能進行受眾精準投放，在廣告支出不變的情況下，轉換率提高了35%。

⭐ 數位產品與訂閱服務

AI有助於推動無庫存銷售的商業模式，其優勢有：

1. **零庫存壓力**：數位產品（如電子書、線上課程）和訂閱服務不需要實體庫存，降低了營運成本與風險。
2. **高利潤率**：一次創建的數位產品可以多次且以不同形式銷售，實現規模效益。

一位個人理財直播主就利用ChatGPT完成了90%的電子書撰寫，並透過Teachable平台提供付費課程，成功在半年內創造了六位數的收入。而AI在數位產品創建中的應用有以下方向：

1. **快速生成內容**：使用ChatGPT或DeepSeek，快速創建電子書內容或課程材料，縮短產品開發時間。
2. **自動化銷售流程**：使用Kajabi或Teachable快速建立自動化的產品銷售與交付系統，提升用戶體驗。
3. **個人化訂閱推薦**：AI平台能分析用戶行為，提供量身訂製的訂閱計畫建議，增加續訂率。

AI Applications 6

AI在投資與財務管理中的應用

★ ★ ★

　　人工智慧的廣泛應用不僅限於技術或商業領域，還徹底改變了投資與財務管理的方式。AI透過大量資料的分析、自動化判斷以及風險控管等功能，讓個人和機構投資者都能夠做出更準確且高效的財務決策。以下將探討AI在投資與財務管理中的多方面應用，並提供實際案例和建議。

★ 自動化投資：AI理財機器人

　　什麼是AI理財機器人？AI理財機器人是一種主要仰賴人工智慧運作的自動化投資平台，可以根據用戶的風險承受能力、財務目標和投資期限，提供量身訂製的投資建議並執行交易。例如Betterment、Wealthfront等平台已經幫助數百萬投資者輕鬆實現財務目標。以下是AI理財機器人的核心功能：

1. 投資組合自動化配置：利用演算法分析用戶的需求和市場數

據，建立分散化的投資組合，最大程度降低風險。
2. **再平衡功能**：根據市場變化，自動調整資產配置，確保投資組合保持在最佳比例。
3. **費用低廉**：與傳統的財務顧問相比，AI理財機器人通常收取更低的管理費用，適合中小型投資者。

一位年輕投資者透過Wealthfront開立帳戶，選擇中等風險的投資組合，並設置每月自動存款。AI平台在三年間就讓初始資本成長了25%，完全不需要額外的操作或專業知識。

數據分析與市場預測

將AI運用到投資上，可以有效協助你做出明智的投資決策，以下是AI在數據分析中的作用：

1. **宏觀與微觀數據整合**：AI工具（如Palantir或Bloomberg AI）能將全球經濟指標、公司財報、新聞和社交媒體數據結合起來，提供全面的市場分析。
2. **即時市場預測**：透過機器學習演算法，AI能夠從歷史數據中提取模式，並預測股價走勢、行業趨勢和潛在投資機會。
3. **風險評估**：AI可分析每項投資的潛在風險，幫助用戶選擇最穩健的策略。

一家對沖基金使用AI平台Kensho分析行業數據和宏觀經濟變

量，成功預測能源市場的波動，並在三個月內實現了15%的回報。那我們要如何運用AI進行市場預測？

1. **選擇合適的工具**：使用專業平台（如Trade Ideas或Kensho），快速獲取市場預測和交易建議。
2. **結合量化投資策略**：將AI提供的數據與量化分析結合，創建高勝率的交易策略。

⭐ 區塊鏈與加密貨幣

以下是人工智慧在區塊鏈領域的應用：

1. **交易自動化**：AI演算法能根據市場數據和歷史趨勢，設計高頻交易策略，在短時間內實現利潤最大化。
2. **風險管理**：AI工具能分析市場波動，協助投資者調整交易計畫，減少因價格劇烈變動造成的損失。
3. **反詐騙功能**：結合區塊鏈技術，AI能快速識別可疑交易或惡意攻擊，保障用戶資金安全。

一名投資者利用Cryptohopper的AI工具，設置基於技術分析的交易策略，成功避開幾次市場暴跌，並在一年內實現了40%的收益。以下是利用AI進行加密貨幣投資的要點：

1. **選擇自動交易平台**：使用AI支援的工具（如3Commas或Cryptohopper）實現自動化交易。

2. **分散投資風險**：AI幫助分析多種加密貨幣的表現，提供分散化的投資組合。
3. **監控市場情緒**：AI可分析社交媒體和新聞中的市場情緒與趨勢，提供短期價格走勢的預測。

★ AI協助風險管理讓收入穩定化

AI如何有效降低投資風險？首先AI能提供多樣化的資產投資建議，AI能根據用戶風險偏好，自動生成分散化的資產配置建議，降低單一資產波動帶來的風險，並即時做出警示，更能監測市場波動，並在潛在風險出現時向用戶發出警告。此外，AI能模擬不同市場條件下的投資表現，能有效幫助投資者為最壞情況做好準備。以下是實現收入穩定化的策略建議：

1. **自動化分紅管理**：AI工具能幫助投資者自動管理股息收入，並根據需求重新投資。
2. **優化儲蓄與投資計畫**：結合AI的財務計畫工具（如Mint或Personal Capital），制定長期的儲蓄和投資策略。

AI Applications 7

AI賦能的行銷策略

★ ★ ★

　　AI的應用已經徹底改變了行銷的運作方式，無論是精準受眾分析、自動化流程還是個人化行銷，AI都能幫助企業以更高效、更精準的方式接觸目標用戶，提升轉換率並增加收入。接下來我們將探討如何利用AI打造現代化的行銷策略，實現從吸引潛在客戶到培養忠實用戶的全流程優化，創造高效轉換率。

精準目標受眾分析

　　在行銷世界中，精準分析是成功的基石，精準的目標受眾分析能幫助你節省廣告費用，並確保每一分預算都花在最有可能轉化的客戶上。傳統的分析方法往往依賴抽樣和過去的經驗，而AI則能根據大量數據提供更精確的市場觀察。

　　AI如何提升受眾分析能力，助你挖掘最有價值的客戶：

1. 行為數據分析：AI工具（如Google Analytics和Mixpanel）

可以追蹤用戶的瀏覽、點擊和購買行為，並自動識別關鍵模式，例如哪些行為與高轉換率相關。
2. **客戶數據統計與心理分析**：AI能夠整合客戶的統計數據（年齡、性別、收入）與心理特徵（興趣、購買動機），幫助企業打造更具吸引力的行銷內容。
3. **社交媒體監測**：利用AI工具（如Brandwatch或Sprinklr），企業可以分析社交媒體的互動數據，識別品牌相關話題，並找到高潛力的受眾群體。

某電子商務平台透過AI工具分析其網站流量，發現來自某特定地區的用戶購買轉化率顯著高於其他地區。基於此洞察結果，他們將行銷資源集中於該地區，廣告點擊率提高了30%，銷售額成長了20%。

⭐ 自動化行銷流程

一家SaaS公司利用AI自動化平台對其潛在客戶進行分群，並自動發送針對性強的電子郵件。最終，他們的潛在客戶轉換為付費用戶的比率提高了35%。成功地運用自動化行銷提升用戶轉化（從潛在客戶到忠實用戶），自動化行銷能幫助企業在正確的時間向正確的受眾傳遞正確的內容，減少人工操作，提高效率。同時，自動化還能確保客戶在每個觸及管道都能獲得一致的品牌體驗。以下是

構建AI輔助的自動化行銷流程：

1. **找到潛在客戶**：使用AI工具（如HubSpot或ActiveCampaign）創建智慧型表單和登錄頁面，自動收集用戶資料。
2. **分群與追蹤**：AI能根據用戶行為自動將其分配到不同的群組，並針對每個群組制定客製化的行銷策略。
3. **多管道觸達**：AI行銷工具（如Klaviyo或Omnisend）能自動管理電子郵件、訊息和社群媒體的推送，確保每位客戶都能在偏好的管道接收到訊息。
4. **養成忠實用戶**：透過自動化郵件行銷，向用戶定期提供有價值的內容或專屬優惠，逐步提高用戶忠誠度。

個人化行銷的力量

AI如何提升用戶體驗與忠誠度？當消費者感受到行銷文案或廣告與自己的需求高度相關時，他們就比較有可能參與互動並轉化為付費用戶。AI透過分析用戶數據，能夠實現超高精確度的個人化行銷。一家流行服飾電商利用AI工具根據客戶的購買歷史推薦新款服飾，並提供專屬折扣碼。結果顯示，用戶回購率提升了50%，客戶終身價值（CLV）顯著增加。以下提供AI實現個人化行銷的方式：

1. **產品推薦系統**：平台如Amazon和Netflix使用AI推薦系統，根據用戶的瀏覽和購買記錄，提供量身訂製的產品或內

容建議。

2. **動態內容生成**：AI工具（如Dynamic Yield）能根據用戶的行為和偏好，動態生成電子郵件內容、網站版面和廣告素材。
3. **實時互動**：AI聊天機器人（如Intercom）能即時回應用戶問題，並根據對話內容提供客製化建議。

用AI擴展你的行銷觸角

聯盟行銷是指透過合作夥伴（聯盟會員）推廣產品或服務，並根據實際成果（例如銷售、點擊）支付佣金的行銷模式。一家健康食品品牌公司，透過AI平台挑選了數十位擁有高度相關受眾的聯盟會員，並提供個人化推廣素材。在短短三個月內，他們的銷售額增加了70%。AI在聯盟行銷中可以幫助選擇最佳合作夥伴、優化廣告素材並監控績效。以下是AI在聯盟行銷中的應用：

1. **最佳合作夥伴篩選**：AI工具（如Partnerize或Affise）能根據會員的影響力、受眾特徵和轉換率，篩選最有價值的行銷聯盟合作夥伴。
2. **素材自動生成**：使用AI工具自動生成聯盟行銷所需的橫幅廣告、文案和首頁，減少時間與資源浪費。
3. **績效實時追蹤**：AI能即時分析每位聯盟會員的推廣成果，幫助品牌及時調整策略，提升整體投資報酬率（ROI）。

AI Applications 8

AI 數字人的獲利商機

★ ★ ★

★ AI 數字人：未來內容創作的革命

我們正處於一場前所未有的內容創作變革，而 AI 數字人（也稱為虛擬人類、數位分身）是這場革命的核心技術。現在，透過 AI 技術，你可以打造24小時不間斷運作的數位分身，產出高品質影片，進而賺取廣告收益、吸引品牌合作、開發訂閱制服務，實現自動化變現！

當前的「AI 數字人」已廣泛應用於各行各業，不再只是科技展示，而是實際上線、商轉中的成熟解決方案。從企業網站、門市機台上的虛擬客服，到媒體、教育、電商等領域，都能看到它的身影。例如，遠傳電信推出的虛擬櫃台 AI 數字人，能擔任接待與講解服務的角色；線上教育平台導入 AI 講師，能即時回應學員問題、降低教學成本；在媒體娛樂領域，AI 主播取代真人錄製內容，提升效率與一致性——如韓國虛擬主播「Rui」，已能參與直播、商業代言，活躍於社群媒體；而在電商場域，AI 主播全天候自動輪播帶

貨，實現不中斷的銷售循環，不怕冷場、永不疲倦。

AI 數字人不請假、不加班、不出錯，且可無限複製與部署，是你 24 小時在線的數位員工。它讓企業能夠將寶貴的人力資源，聚焦在創意與決策，將大量重複性任務交由 AI 處理。過去製作一支影片，需要腳本撰寫、場地搭設、燈光攝影與後期剪輯，耗時費力、成本高昂，甚至需安排真人出鏡。而現在，有了 AI 數字人，只需幾分鐘就能自動生成一支完整的介紹影片，製作成本更是不到真人的十分之一。這意味著，就算是小型團隊，也能擁有媲美媒體機構的內容產能與輸出規模。你不必完全取代真人，但在這個內容驅動的時代，你不能沒有「數位的你」。這就是 AI 數字人的實用價值，也是它真正引爆共鳴的所在。

★ 無限放大你的影響力與收益

數位內容產業正值黃金時期，利用 AI 數字人，你可以進入以下高收益領域：

1. **教育與知識變現**：建立 AI 數字人線上課程，銷售教學內容，開創穩定現金流。
2. **品牌代言與商業廣告**：為企業打造 AI 虛擬形象，替品牌拍攝廣告影片，獲得高額酬勞。
3. **短影音變現**：利用 AI 數字人自動生成 YouTube Shorts、TikTok 等短影片，透過流量變現。

⭐ 實際案例：AI 數字人創造千萬觀看量的 YouTube 頻道

★ 虛擬 Youtuber「AI 老師」的成功故事

一名普通上班族，一直想經營 YouTube 頻道，但擔心不會剪輯、害怕上鏡、不擅表達。在接觸 AI 數字人技術後，他決定利用 AI 製作影片，分享商業知識與 AI 技術。其做法如下：

1. 使用 Synthesia AI 創建數字人，模仿專業主播的說話方式。
2. 透過 ChatGPT 生成影片腳本，搭配 AI 配音軟體，自動產生內容。
3. 建立 YouTube 頻道「AI 老師」，每週發佈兩支影片，並透過 SEO 策略提升觀看量。

★ 達到的成效

- 六個月內突破 10 萬訂閱，獲取 YouTube 黃金創作者獎。
- 影片累積超過 1000 萬觀看次數，廣告收益達到月收入 50,000 美金（約 150 萬台幣）。
- 吸引多家企業合作，開始提供客製化 AI 數字人服務，額外創造 50 萬美金年收入。

現在，你只需要一台電腦、一個 AI 數字人平台，就能開始運作這項事業，讓 AI 幫你工作、幫你賺錢！

AI 賺錢術
AI Monetization

AI Applications 9

無產品、無庫存也能輕鬆實現聯盟行銷

★★★

📍 聯盟行銷是什麼？

你是否曾想過，如何不需要生產產品、也不需囤貨，卻能持續獲得高額收入？聯盟行銷（Affiliate Marketing）就是這樣的一種模式——你只需要推薦別人的產品，當有人透過你的推薦購買，你就能獲得豐厚的佣金。

現在，透過 AI 技術的輔助，聯盟行銷已經從傳統的「手動推廣」，進化成完全自動化的被動收入系統。你可以利用 AI 來：

- **自動生成行銷內容**：AI 可以幫你撰寫部落格文章、廣告文案、社群貼文，省去繁瑣費時的內容創作過程！
- **精準分析目標客群**：AI 能夠根據數據分析，找到最有可能購買產品的客戶，提高轉換率！
- **AI 影片推廣**：使用 AI 數字人錄製產品推薦影片，透過短影音平台快速獲取大量流量！

📍 AI+聯盟行銷，創造每月1萬美金的被動收入

⭐ 案例：「AI行銷達人」如何靠聯盟行銷年賺百萬

一名行銷專員，因疫情影響失去工作，開始研究AI與聯盟行銷，並在短短一年內建立了一個自動化聯盟行銷事業，每月賺取超過1萬美金的被動收入。其做法如下：

1. **建立專屬部落格**：利用ChatGPT撰寫部落格文章，介紹AI工具、線上課程等高佣金產品。
2. **使用AI生成影片**：透過AI數字人製作產品介紹影片，並發布在YouTube與TikTok上，吸引目標受眾。
3. **SEO與社群行銷**：利用AI分析關鍵字，確保文章與影片能夠獲取最大曝光。

⭐ 達到的成效

- 六個月內，每篇部落格文章平均帶來500~1000美元的聯盟佣金。
- YouTube頻道短短半年內突破5萬訂閱，開始透過廣告與聯盟行銷變現。
- 合作品牌超過10家，包含AI SaaS軟體、網路課程、電商平台，創造穩定現金流。

即使沒有產品、沒有技術背景，也能透過AI技術＋聯盟行銷，打造真正的財務自由！

AI賺錢術
AI Monetization

⭐ AI聯盟行銷指南

想要開始你的AI聯盟行銷事業？以下提供最佳起步指南：

1. **選擇利基市場**：決定你要推廣的產品，如AI工具、線上課程、電商平台等。
2. **建立內容平台**：透過部落格、YouTube頻道、社群媒體，打造影響力。
3. **使用AI工具產生內容**：ChatGPT生成文章，AI數字人錄製影片，提高內容產出效率。
4. **導入流量**：透過SEO、廣告投放、社群行銷，確保你的內容能夠被大量人看到。
5. **優化與轉換**：利用AI數據分析，提高轉換率與收益！

⭐ AI聯盟行銷的未來趨勢

- **AI個人客製化推薦系統**：未來，AI將能根據用戶行為自動推薦最適合的產品，提高銷售轉換率！
- **AI影片行銷自動化**：透過AI數字人+聯盟行銷，完全不需要真人錄製影片，持續創造收益！

AI Applications

10

元宇宙與虛擬經濟：
AI如何改變創收模式

★ ★ ★

　　元宇宙（Metaverse）是一個由虛擬世界和物理世界融合而成的數位生態系統，它提供了一個全新的經濟模式，使人們能夠在虛擬世界中創造、交易和消費。而AI作為驅動元宇宙的核心技術之一，在資源分配、互動優化和經濟運作中發揮關鍵作用。

　　AI能夠分析龐大的數據資料庫，識別市場趨勢，並為用戶提供最佳的決策建議。從虛擬地產投資到自動化的商品創建，AI讓元宇宙的經濟運作更高效、可預測，並降低了創業與進入該產業的門檻，使更多人能夠參與其中。

⭐ 新型態「虛擬地產投資」

　　在元宇宙中，虛擬地產已經成為一種新興的投資標的，許多企業與個人都開始在虛擬世界內購買土地、建造商店或開發服務。AI

能幫助用戶選擇具潛力的虛擬地產，並進行價格分析與估算，以確保投資報酬率最大化。

1. **市場趨勢分析**：AI透過大數據分析，可以評估哪些區域的虛擬土地需求較高，預測未來的增值潛力。例如，一些企業會在特定的元宇宙平台上開設旗艦店，AI可以分析哪個區域的流量較大，從而建議購買該區域的虛擬地產。

2. **自動化定價**：AI可以透過類似於房地產估值的技術，計算虛擬土地的價值，考量過去的交易歷史、周邊環境（例如是否靠近知名品牌的虛擬建築）來進行報價建議。

3. **投資組合管理**：AI能夠追蹤市場動態，建議投資組合調整，例如何時該出售某塊虛擬土地、何時該購買新地產。

★ AI生成虛擬商品

除了虛擬地產，AI也能幫助用戶創造虛擬商品，這些商品可作為NFT（非同質化代幣）進行交易，成為新的創收方式。例如：

1. **數位服飾**：AI可以根據流行趨勢設計虛擬服裝，讓用戶在虛擬世界中穿戴，這些服飾可以透過NFT的形式販售。

2. **建築與裝飾品**：AI可以幫助建築師或設計師自動生成獨特的虛擬建築或家具，讓用戶能夠自訂自己的虛擬空間。

舉例來說，一家虛擬時尚品牌利用AI設計一系列限量版數位服

飾，並在元宇宙內的虛擬商城發售，結果不到一週便售罄，創造了數百萬美元的收入。

⭐ 虛擬身分與服務

在元宇宙中，AI能創建高度擬真的虛擬形象，並提供個人化的互動體驗，這些形象可以用於娛樂、教育甚至商業合作。由AI生成的虛擬助手有：

- AI可以創造智能客服或顧問，協助企業在元宇宙內為顧客提供即時服務。例如，某品牌在元宇宙內的虛擬專櫃配置了一個AI虛擬助理，能夠解答顧客問題，甚至根據顧客的喜好推薦商品。
- 在教育領域，AI生成的互動式虛擬教師可以提供個人化的學習體驗。例如，語言學習平台可以利用AI來創建互動式的虛擬語言導師，讓學習者透過對話練習口說技巧。

⭐ 虛擬演唱會與活動

隨著AI技術的發展，許多歌手與藝人開始在元宇宙內舉辦虛擬演唱會。這些活動不僅能夠吸引全球各地的觀眾，還能透過門票、虛擬商品銷售與廣告獲得額外收益。例如，2021年的Travis Scott虛擬演唱會在《Fortnite》中吸引了超過1200萬名觀眾，創造了數

百萬美元的收入。

⭐ 數位資產與區塊鏈結合

AI也可以與區塊鏈技術結合，進一步提升數位資產的價值與交易便利性。以下是AI優化NFT創建與交易的方式：

1. **自動生成藝術作品**：AI可以幫助藝術家快速生成NFT藝術作品，根據市場需求調整風格，從而提高銷售機會。
2. **市場分析與定價**：AI能夠分析NFT市場趨勢，為創作者提供定價建議，確保他們的作品能夠以最適當的價格售出。
3. **智能合約與詐騙偵測**：AI能夠掃描交易紀錄，辨識可疑交易，幫助降低詐騙風險，保護買家與賣家的利益。

⭐ 實際應用案例

一位設計師利用AI工具快速生成虛擬時尚服裝，並透過元宇宙平台販售NFT，僅用三個月便獲得了超過10萬美元的收入。他透過AI設計出多種風格的虛擬服飾，並依據市場需求動態調整產品，成功打造出熱門NFT作品。

AI Applications 11

自動化創意產業：
AI在藝術、音樂與設計領域的潛力

★ ★ ★

創意產業包括藝術、音樂、設計等領域，傳統上被認為是以人類創意為核心的領域。然而，AI的參與為創意產業帶來了效率和可能性的全面提升。

⭐ 藝術創作

AI工具（如DALL·E、Runway ML）可以根據簡單的描述生成獨特的藝術作品，為藝術家提供靈感或直接創建作品。此外，AI還能學習不同藝術風格，模仿特定藝術家的筆觸與技法，讓創作更加多樣化。例如，AI可以根據文學作品創建對應的視覺插圖，或透過藝術領域過往資料庫的數據創造新的風格。

AI也能分析社群媒體上的藝術趨勢，幫助藝術家創作更符合市場需求的作品，提高銷售機會。

⭐ 音樂生成與混音

平台如 Amper Music 和 AIVA 可以根據用戶的需求生成背景音樂、主旋律或混音，適用於廣告、遊戲和影片配樂。不僅如此，AI還能分析市場流行趨勢，推薦最具商業價值的旋律與節奏，甚至模擬知名音樂人的風格來生成樂曲。

此外，AI也能自動生成歌詞並與音樂融合，創造出完整的歌曲。這對於內容創作者而言，是一個極具潛力的工具，能夠節省大量時間。

⭐ 設計與建模

AI能自動生成產品設計、建築模型或廣告素材，大幅縮短創作時間並降低成本。例如，建築設計公司可以利用AI生成建築概念設計，並透過機器學習技術自動優化結構，使其更符合美學與實用性的需求。此外，AI在廣告設計中也發揮了巨大的作用，透過數據分析快速生成最能吸引受眾的視覺元素。

AI還能自動調整設計作品的格式，確保適用於不同媒體平台，如社交媒體廣告、印刷品和數位看板等。

⭐ 實際案例：AI在創意產業的成功應用

一位自由插畫家結合DALL·E和自己的手繪風格，快速完成客戶需求，接單量翻倍，收入成長了60%。另一家遊戲公司則利用AI來自動生成遊戲場景，大幅降低了開發時間，使遊戲能夠更快速地推向市場。此外，某音樂製作人透過AI工具自動創作背景音樂，在短短幾個月內便累積了上千萬次播放量，進一步證明AI在創意產業中提升效率的潛力。

同時，設計產業中的廣告公司利用AI來自動生成並優化廣告內容，使其在不同平台上的點擊率提升了30%。這種自動化流程不僅提升了效率，也讓企業能夠更靈活地應對市場變化。

AI Applications 12

職場自動化與個人品牌經濟的崛起

★ ★ ★

⭐ AI 取代瑣碎工作

AI 正在改變職場的運作方式，透過自動化提升效率並減少重複性工作，使得專業人士能將更多時間投入於高價值活動。

在傳統的工作環境中，許多日常任務需要大量人力，如數據整理、文件審核、郵件管理等。然而，隨著 AI 技術的進步，企業開始廣泛應用自動化技術來簡化這些工作，減少人為錯誤，提高決策效率。例如，在財務部門，AI 能夠自動分析報表、預測現金流，讓專業人士專注於策略性決策。

⭐ 智能助理與日常工作管理

AI 助理（如 Notion AI 或 Microsoft Copilot）能協助安排日程、撰寫報告和處理電子郵件。這些智能助理能夠根據使用者的行為習慣自動推薦任務優先順序，減少時間浪費。例如，一位企業高

層主管可以透過 AI 助理自動整理每日行程，讓他能專注於更具價值的業務決策。

此外，企業也開始應用 AI 聊天機器人來處理客服問題，這不僅提升了服務效率，還降低了人力成本。例如，許多銀行使用 AI 客服來回答常見問題，如帳戶餘額查詢、交易紀錄查詢等，讓真人客服能夠專注於更複雜的客戶需求。

★ 技能提升與教育訓練

具 AI 個人化功能的學習平台（如 Coursera 和 Duolingo）提供量身定制的學習內容，幫助專業人士提升技能以應對未來需求。這些平台利用 AI 技術分析學習者的學習進度，並提供個人化的學習建議。例如，一名希望轉職為數據分析師的行銷專業人士，可以透過 AI 調整學習計畫，確保課程內容符合其需求。

此外，企業內部培訓也開始應用 AI 來提升員工的學習體驗。例如，許多公司採用 AI 智慧推薦的學習管理系統（LMS），讓員工能夠根據自身學習進度獲取適合的課程，提高學習效率。

★ 個人品牌經濟的興起

隨著 AI 技術的發展，個人品牌的建立變得更加容易。創作者能輕鬆生成高品質的內容並吸引受眾。例如，部落客可以使用

ChatGPT生成文章初稿，再透過人工潤飾來提升品質。YouTube影片創作者也能透過AI工具自動生成字幕、影片剪輯，縮短製作時間。

個人化服務與訂閱模式

結合AI的個人化推薦系統，創作者可以設計更具吸引力的會員服務，建立穩定的收入流。例如，一名健身教練可以利用AI健康應用程式來分析學員的運動習慣，提供個人化的訓練計畫。此外，許多教育創作者開始提供AI輔助的線上課程訂閱服務，根據學員的進度與表現自動調整教學內容，提升學習效果。

實際案例：職場與個人品牌的AI應用

一名職場顧問利用ChatGPT自動撰寫LinkedIn貼文，並透過針對性內容吸引了超過10萬名追隨者，開啟了線上課程與訂閱服務，實現月收入翻倍。他運用AI來分析熱門話題，確保內容符合市場趨勢，進而提升影響力，建立專業形象，開創更多商業機會。

AI Applications

13

合法合規地應用 AI 工具

★ ★ ★

在追求收入的同時,確保 AI 的應用符合道德與合規標準非常重要。不負責任地使用 AI 可能導致隱私洩露、數據偏差或不公平的經濟分配。因此,企業和個人開發者在設計 AI 應用時,必須將倫理規範納入決策過程,以確保 AI 既能創造財富,也能維護社會公平。

📍 數據隱私與安全

使用 AI 時,必須遵守數據隱私法規(如歐盟的《一般數據保護法規》(GDPR)或美國的《加州消費者隱私保護法》CCPA),並確保用戶數據的安全性。這意味著 AI 開發者應該採用加密技術、匿名化處理數據,並限制未經授權的數據存取。此外,企業應該讓用戶了解其數據的使用範圍與方式,並提供用戶選擇退出的機會。例如,許多金融機構在使用 AI 進行風險評估時,會確保所有客戶數據均經過嚴格加密,並且不會與未經授權的第三方共享。這種做法

不僅確保了合法性，也提升了客戶的信任感。

⭐ 避免偏差、不均與歧視

確保AI系統的訓練數據多樣化，避免因偏見導致不公平的結果。AI演算法的偏差問題通常來自於訓練數據的不均衡，例如：如果某個招聘AI系統的數據庫主要來自於特定族群，那麼它可能會在篩選履歷時產生歧視或不公。

為了解決這個問題，企業應該在訓練AI模型時，確保數據的代表性和多樣性。例如，科技公司在開發AI招聘系統時，會確保訓練數據涵蓋不同性別、種族、年齡等群體，以減少可能的歧視風險。

⭐ 合規經營的最佳實踐

❶ 透明度與可解釋性

確保AI的運用過程對用戶透明，並能解釋其決策背後的邏輯。許多AI系統的運作方式像「黑盒子」，即使是開發者也難以解釋AI為何做出特定決策。為了增加信任，企業應提供簡單明瞭的AI運作解釋，例如在銀行的貸款評估過程中，向客戶說明AI為何做出貸款批准或拒絕的決策。

❷ 定期審核與改進

定期審查AI系統的性能和合規性，根據最新法規進行調整。AI技術和法規都在不斷演進，因此企業應該建立內部機制，確保AI的運作方式始終符合最新的法規標準。

例如，某些企業會設立AI監管小組，定期檢查AI系統是否遵循倫理標準，並根據用戶回饋進行調整。這種機制能夠幫助企業及時修正可能的問題，避免潛在的法律風險。

案例：重視隱私保護的AI應用

某廣告公司在設計AI智能推薦的廣告投放系統時，優先考慮隱私保護，並與用戶明確說明數據用途，成功建立了消費者信任，提升了廣告效果和品牌形象。他們採用了「差分隱私」技術，確保廣告投放不會侵犯個人隱私，並提供了清晰的隱私政策，讓用戶可以選擇是否要分享數據。

此外，該公司定期與監管機構合作，確保其AI系統符合最新合規要求，並進行內部審計，以確保公平性和透明度。最終，這種負責任的AI策略不僅讓企業獲得了市場競爭優勢，也提升了消費者對品牌的信任。

AI賺錢術
AI Monetization

AI Applications

14

AI賦能：
開創無限商機與財富新時代

★ ★ ★

⭐ 為個人創造新商機

　　傳統上，許多領域的創業門檻極高，需要豐富的經驗與大量的資本。然而，AI的出現讓更多個人創業者能夠低成本切入市場，快速創造賺錢機會。例如，在AI生成藝術的案例中，數位藝術家僅需運用AI工具（如Midjourney、DALL·E）即可生成高品質的NFT藝術品，透過限量發行與社群行銷策略，成功在短時間內賺取可觀的收入。同樣地，自由寫作者透過ChatGPT自動生成內容，並發布至Medium、Substack或Patreon，創造穩定的訂閱收入，甚至比傳統寫作模式更具競爭力。

　　這些成功案例顯示，AI並非取代創意，而是成為創意的助推器。AI讓個人創作者能夠以前所未有的速度產出內容，並透過智能行銷工具精準觸及目標受眾，讓創意變現的過程更加高效且可行。

★ AI賦能：提升企業效率與競爭力

企業導入AI也帶來了顯著的經濟效益。企業客服過去依賴大量人力來回應客戶，而AI聊天機器人讓24小時全天候服務得以成真，不僅降低了客服成本，還提升了客戶體驗。例如，金融業導入AI交易機器人，利用數據分析市場趨勢，自動執行投資決策，讓投資回報率大幅提升。而電商業者則透過AI生成高效的產品描述、精準廣告投放與個人化推薦，提高轉換率，創造更大的商業價值。

此外，AI在法律、教育與健康產業的應用也展現了強大的變革潛力。例如，AI法律助理能夠自動審閱合約，為律師節省大量時間，提高案件處理效率；AI教育平台能夠根據學生的學習進度與需求，提供個人專屬的學習計畫，讓學生學得更快、更有效率；AI健身應用則透過即時數據監測，為用戶量身打造最適合的訓練計畫，優化健康管理方式。

這些AI賦能的應用，讓企業能夠以更少的資源達成更大的成長，使商業模式更加靈活、智慧與可持續發展。

★ AI賦能的關鍵價值：降低成本、提升生產力、開創新市場

AI賦能的真正價值，在於它能夠降低創業與經營的門檻，使資

AI賺錢術
AI Monetization

源有限的個人或企業也能夠進入競爭激烈的市場。例如，過去遊戲開發需要龐大的團隊與預算，而現在，獨立開發者透過AI自動生成遊戲角色、場景與對話，能夠在短時間內推出高品質遊戲，甚至創造數百萬美元的收入。同樣地，AI在投資領域的應用，讓個人投資者能夠運用高頻交易技術，即時分析市場趨勢，達成比傳統投資模式更高的投報率。

不僅如此，AI還能夠幫助企業進入全新的市場領域。例如，透過AI分析市場趨勢，企業能夠精準掌握消費者的需求，進而開發出符合市場期待的產品與服務。這種數據驅動的決策模式，使得企業的產品開發更加精準，行銷策略更高效，進一步提升競爭優勢。

★ AI賦能的未來展望

AI已經不再是科技公司或大型企業的專屬工具，而是所有人都可以運用的商業利器。未來，隨著AI技術的不斷進步，我們會看到更多創新的應用，如全自動AI投資顧問、智能法律分析系統、沉浸式AI教育體驗、個人化健康管理AI等等。這些應用會進一步改變我們的工作方式、商業模式，甚至是整個社會的運作方式。

此外，AI賦能勢必會加速全球經濟的數位化轉型，使更多傳統產業得以透過AI進行升級與優化。例如，在供應鏈管理中，AI可以透過數據分析來預測需求與調整庫存，降低營運成本；在醫療領

域，AI可以協助醫生診斷疾病，提高治療的準確性與效率；在環保與永續發展方面，AI可以協助企業優化能源使用，提高生產過程的綠色效益。

這些未來趨勢意味著，我們正站在AI變革的浪潮之上，誰能夠及早掌握AI賦能的機會，誰就能夠在未來的競爭中取得先機。

⭐ 擁抱AI，開創財富新時代

無論你是企業家、創業者、投資者，還是對AI充滿好奇的個人，這個時代都為你提供了前所未有的機會。AI並非只是一項技術，而是一種全新的賦能模式，它讓我們能夠以更少的資源，創造更大的價值。透過AI，我們可以實現更高效的生產力、更低的成本、更精準的市場行銷，甚至開創全新的產業模式。

AI賦能，已經成為一場無可避免的財富革命。我們不應該懼怕AI，而應該積極擁抱AI，學會如何運用這項技術，創造屬於自己的成功故事。AI不是選擇題，而是生存題！那些能夠適應AI變革的人，將成為未來世界的領導者，而那些忽視AI潮流的人，則可能在競爭中落後甚至被淘汰。

現在，就是行動的最佳時機。讓我們一起運用AI，開創屬於自己的財富新時代！

AI 賺錢術
AI Monetization

Success Stories

15

AI 生成藝術的商機

★★★

隨著人工智慧技術的發展,數位藝術家們正在探索新的創作與變現方式。特別是在NFT(非同質化代幣)市場蓬勃發展的背景下,AI生成藝術已成為一種新興的創收管道。

一名數位藝術家利用AI工具(如DALL·E、Midjourney)來創建獨特的NFT藝術品,並將這些作品在OpenSea、Rarible等平台上進行銷售,成功在一個月內獲得超過5萬美元的營收。

📍 如何利用AI生成藝術創造收益?

這位藝術家的成功可以歸因於以下關鍵策略:

① 運用AI生成多樣化藝術作品

- 這位藝術家不僅僅依賴單一風格,而是使用AI來創建不同類型的藝術作品,例如超現實主義、抽象風格、科幻場景等。例如,他用AI生成的「未來城市」場景NFT吸引了大量科

幻愛好者的關注，這些作品在短時間內迅速售罄。
- 結合自己的藝術風格與AI生成的元素，使作品更加獨特，而不是完全依賴AI產出。

❷ 社群媒體行銷與品牌建立
- 這位藝術家善用Twitter、Instagram和Discord來推廣他的NFT藝術作品，定期分享作品的創作過程與AI技術的應用，吸引了大批粉絲關注。
- 他還參加了各種NFT社群和線上討論，與潛在買家和收藏家積極互動，提升自己的品牌價值。例如，他在Discord上舉辦了一場AMA（Ask Me Anything）活動，向收藏家們介紹他的創作理念與未來計畫，成功獲得更多忠實粉絲。

❸ 採取限量發行策略
- 為了增加作品的稀缺性，他每次只發行50～100件NFT，而不是無限制地創作。這種限量策略營造了市場的稀缺效應，讓買家更願意購買並長期持有，期待作品升值。
- 例如，他其中一組由AI生成的「數位靈魂」NFT系列，每個作品的起拍價為0.5ETH（約1,500美元），但在二級市場上價格一度翻倍，讓初期購買者也能夠獲利。

4 合作與聯名計畫

- 這位藝術家與其他NFT創作者和網紅合作，推出聯名NFT作品，擴大了他的受眾群體。例如，他與一位知名音樂製作人合作，創造了一系列結合AI藝術與音樂的NFT，每個NFT附帶獨家音樂內容，讓買家獲得更獨特的收藏體驗。

5 AI輔助市場分析

- 他利用AI分析當前NFT市場的趨勢，確保自己的作品風格符合市場需求。例如，他發現近期「復古未來主義」風格的NFT受到市場追捧，於是迅速創作了一系列相關作品，並成功吸引買家。
- 透過AI工具，他還能預測哪些類型的作品可能在未來一段時間內熱銷，提前調整創作方向。

NFT市場的成功故事

這位藝術家的成功案例並非個例，其他許多創作者也透過AI生成藝術獲得可觀的收益。

★ 案例1：日本畫家的AI NFT系列

- 一位日本藝術家用AI創作一系列結合傳統浮世繪風格與現代數位藝術的NFT，每個作品均帶有AI生成的獨特細節。

- 他透過Twitter和Discord吸引了大量國際收藏家,在短短兩週內銷售超過300件NFT,收入超過10萬美元。

★ 案例2:3D AI藝術與元宇宙結合
- 另一位創作者利用AI生成3D模型,並將其整合到元宇宙(如Decentraland)中,讓使用者能夠購買並展示這些藝術作品。這些3D AI NFT成為虛擬世界中的收藏品,不僅提升了藝術價值,也讓創作者能夠持續獲得穩定收入。

AI生成藝術如何成為創作者的新機會

　　AI生成藝術正在改變藝術創作的方式,讓更多人能夠以較低的門檻進入市場,並透過創新方式實現變現。透過AI輔助創作、多元化的行銷策略、限量發行與市場分析,數位藝術家可以在這個新興市場中找到屬於自己的商機。

　　這位藝術家的成功不僅展示了AI在NFT領域的潛力,也證明了數位創作者如何運用新技術來創造價值。未來,隨著AI技術的進一步發展,更多藝術家將能夠探索AI賦能的創作模式,並在全球市場中建立自己的品牌與收入。

AI賺錢術
AI Monetization

Success Stories

16

自動化寫作的創收模式

★ ★ ★

隨著AI技術的不斷進步，內容創作者也開始運用人工智慧來提升產出效率，並創造穩定收入。一名自由寫作者利用ChatGPT自動生成部落格文章，並透過Medium及訂閱制內容平台創造穩定收入，每月收入超過1萬美元。

📍 如何透過AI自動化寫作獲利？

這位自由寫作者的成功來自於以下幾個策略：

① 利用AI快速生成高品質文章

- 他使用ChatGPT來快速產生文章草稿，並加以編輯，使內容更具可讀性與吸引力。
- 例如，他專注於「生產力工具」和「數位行銷」領域，每天利用AI生成3～5篇文章，然後精修後發布。
- 他還透過AI生成不同語言版本的文章，使內容能夠觸及更多受眾。

❷ 選擇合適的發布平台

- 他將文章發布在 Medium 上,並加入 Medium Partner Program (付費閱讀計畫),根據文章的瀏覽次數賺取收入。
- 此外,他還在 Substack 和 Patreon 上經營訂閱制內容,提供更深入的行業分析文章給付費會員。

❸ SEO 優化與標題設計

- 透過 AI 工具(如 Surfer SEO)來優化文章,使其在 Google 搜尋中排名更高,獲得穩定的流量。
- 使用 AI 來分析熱門關鍵字,讓標題和內容能吸引更多點擊。

❹ 建立個人品牌與社群行銷

- 他在 Twitter 和 LinkedIn 上積極分享內容,吸引更多讀者訂閱。舉例來說,他每週舉辦一次 AMA(Ask Me Anything)活動,與讀者互動,並解答關於 AI 自動化寫作的問題。

❺ 開發 AI 輔助的數位產品

- 除了定期發布文章,他還利用 AI 生成電子書和線上課程,提供給訂閱會員。
- 例如,他編寫了一本《如何用 ChatGPT 每月賺 1 萬美元》的電子書,在 Gumroad 上銷售,獲得額外收入。

🌟 成功案例解析

這位自由寫作者的模式已經被許多創作者複製,並取得成功:

★ 案例1:技術部落客的AI內容創作

一位技術部落客使用AI撰寫有關軟體開發和機器學習的文章,並透過Google AdSense和贊助文章每月獲得8,000美元以上。

★ 案例2:營養與健康專欄作家

另一名作家專注於營養與健康領域,利用AI生成文章,並將其整理成每月付費電子期刊,累積了5,000名付費訂閱者。

🌟 AI自動化寫作的未來展望

隨著AI自動化寫作工具的進一步發展,未來更多作家將能夠運用AI來提升生產力,創造穩定收入。這不僅降低了內容創作的門檻,也讓個人創作者能夠更有效地經營自己的品牌與社群。

Success Stories 17

AI聊天機器人的商業應用

★ ★ ★

隨著企業對客戶服務的需求日益增加,許多公司開始尋求自動化解決方案,以減少人力成本並提升客服效率。一家科技公司開發了一款應用AI的客戶服務聊天機器人,幫助企業自動處理客戶查詢,並獲數十家企業採用,每月訂閱收入超過10萬美元。

📍 如何透過AI聊天機器人獲利?

1 開發高效能 AI聊天機器人
- 使用GPT-4及自然語言處理(NLP)技術,讓聊天機器人能夠理解並回應客戶查詢內容。
- 例如,銀行業務客戶可以透過AI機器人查詢餘額、申請信用卡,減少真人客服的工作負擔。

2 提供企業級訂閱服務
- 這款聊天機器人採用SaaS(軟體即服務)模式,企業需要支

付月費來使用。

- 根據企業的需求，提供不同級別的訂閱方案，例如基本版、專業版和企業版，讓不同規模的企業都能找到合適的方案。

3 提升企業客服效率與降低成本

- 傳統的客服中心需要大量人力，而AI聊天機器人能夠24小時全天候運行，確保客戶隨時獲得服務。
- 例如，一家電子商務公司導入AI聊天機器人後，人工客服的工單減少了60%，客服回應時間縮短至5秒內。

4 整合多種通訊平台

- AI聊天機器人可整合WhatsApp、Facebook、Messenger、Slack、企業官網等多種通訊工具，提升覆蓋率。
- 例如，一家旅遊公司在其網站上安裝AI聊天機器人，幫助客戶自動查詢航班資訊，成功提升30%的訂單轉換率。

5 建立AI訓練與優化機制

- 透過機器學習，AI聊天機器人能夠不斷學習使用者的查詢模式，提升回應準確度。
- 例如，一家醫療機構的AI聊天機器人透過分析數萬條患者對話，精準提供病症建議與掛號服務。

⭐ 案例解析

AI聊天機器人的成功激勵了許多企業投入AI客服領域，以下是幾個實際案例：

★ 案例1：金融業的AI客服機器人

- 一家大型銀行推出AI客服機器人，幫助用戶處理80%以上的常見問題，如信用卡申請、貸款試算等。
- 導入AI後，客服成本降低50%，客戶滿意度提升20%。

★ 案例2：電商平台的自動客服

- 一家電商企業導入AI聊天機器人，讓客戶能夠自動追蹤訂單、處理退貨問題。
- 運行六個月後，該企業的客服成本下降40%，人工客服工作負擔顯著減輕。

⭐ AI聊天機器人的未來展望

隨著AI技術的進一步發展，未來AI聊天機器人將能夠更精準地理解客戶需求，甚至預測客戶行為。企業將能夠透過這類技術持續提升客服效率，降低營運成本，並創造更多商機。

AI賺錢術
AI Monetization

Success Stories

18

用AI創作YouTube影片

★★★

隨著AI內容生成技術的進步,YouTube創作者已經開始利用AI工具來提升影片產出的效率。一位YouTuber運用AI生成影片腳本、配音及剪輯,短短六個月內頻道訂閱數突破50萬,廣告及贊助收入顯著成長。

📍 如何利用AI進行YouTube影片創作?

1️⃣ AI自動生成影片腳本

- 這位創作者使用ChatGPT來自動產生影片腳本,確保內容緊貼時下趨勢。
- 例如,他的頻道主要專注於科技評論,他透過AI收集最新科技新聞,並生成條理清晰的講解腳本。

2️⃣ AI配音與自動化旁白

- 透過AI語音合成工具(如ElevenLabs、Google Text-to-

Speech），這位YouTuber無需親自錄製旁白，節省大量時間成本，提高製片效率。

- 他甚至測試不同語氣與風格，讓影片內容更具吸引力，例如使用沉穩的語音來講解歷史事件，或使用活潑的語氣介紹娛樂話題。

❸ AI自動剪輯與後製

- 使用AI影片編輯工具（如Runway ML、Pictory）來快速生成影片，讓內容更加流暢。
- 例如，當AI偵測到關鍵字「iPhone新功能」，它會自動插入相關產品圖片，讓影片視覺效果更豐富。

❹ 利用AI進行SEO與標題優化

- 他使用AI工具（如TubeBuddy、VidIQ）來分析熱門關鍵字，確保影片標題與介紹具備吸引力。
- 例如，他發現「AI創作的未來」是近期熱門話題，於是將這個關鍵詞融入標題，使影片能見度更高。

❺ AI分析觀眾數據與優化影片策略

- 他利用AI分析YouTube Analytics數據，觀察觀眾觀看時間、點擊率等指標，進而優化影片內容。

- 例如，他發現某些影片的觀看率特別高，便使用 AI 產生相似主題的內容來增加觀看次數。

成功案例解析

這位 YouTuber 透過 AI 影片創作模式獲得顯著成功，類似的創作者也在 AI 幫助下提升影片內容生產力。

案例1：教育頻道的 AI 影片製作

- 一位教育 YouTuber 使用 AI 生成科學教育影片，並透過 AI 動畫工具製作生動的視覺內容，使訂閱人數快速成長至 30 萬。

案例2：財經新聞頻道的 AI 自動化影片

- 一個財經新聞頻道透過 AI 自動化生產每日市場分析影片，節省 80% 內容製作時間，成功提高影片產量並吸引更多觀眾。

AI YouTube 內容創作的未來展望

隨著 AI 內容生成技術的進一步發展，越來越多 YouTube 創作者將利用 AI 來提升內容產能。未來，我們可以預期 AI 會更精準地根據觀眾喜好來創作內容，進一步提高觀看體驗與創作者收益。

Success Stories

19

AI在電商行銷的應用

★ ★ ★

電商行業競爭激烈，行銷策略的優劣往往決定了一家店鋪的成功與否。一位Shopify店主利用AI技術來優化行銷策略，從產品描述生成到自動投放廣告，最終成功提升轉換率30%，每月銷售額突破20萬美元。

如何透過AI在電商行銷中獲利？

1 AI自動生成產品描述
- 這位店主使用AI文字內容生成工具（如Jasper AI）撰寫產品描述，確保內容吸引人且具備SEO最佳化。
- 例如，一款新上市的運動鞋，AI會根據市場趨勢生成描述：「這款運動鞋採用透氣網布設計，搭配人體工學鞋底，提供極致舒適與穩定性。」

❷ AI分析推薦的個人化行銷

- 他使用AI來分析顧客行為，透過電子郵件和推播通知發送客戶專屬的個人化推薦。
- 例如，顧客A曾購買瑜伽墊，AI會自動向其推薦相應的瑜伽配件，如瑜伽磚或瑜伽帶。

❸ 自動投放AI廣告

- 透過AI廣告優化平台（如Adzooma、Facebook AI廣告），這位店主可以自動生成並投放高轉換率的廣告。
- 例如，系統分析發現某款T-shirt在18～25歲年齡層中最受歡迎，AI便自動調整受眾，增加投放該群體的廣告預算。

❹ AI影像生成與產品圖片優化

- 他使用AI圖像工具（如Canva AI）來提升產品圖片的視覺吸引力，讓商品展示更具吸引力及亮點。
- 例如，AI會自動調整圖片亮度、增加陰影，甚至為產品生成3D立體展示效果。

❺ AI預測市場趨勢與庫存管理

- 透過AI數據分析（如Google Analytics、ShopifyAI工具），他能夠預測哪些商品可能成為下一波暢銷品，提前備貨。

- 例如，根據搜尋趨勢，AI發現即將流行的「環保材質背包」，店主便提前進貨並調整行銷策略，搶佔市場先機。

⭐ 成功案例解析

這位Shopify店主的成功證明了AI在電商行業的潛力。

★ 案例1：AI自動調整的服飾品牌行銷
- 時尚品牌使用AI個人化推薦系統，提升回購率25%。

★ 案例2：智能語音客服助力電商成長
- 家電電商引入AI語音客服，24小時全年無休即時回應顧客問題，提高轉換率18%。

⭐ AI在電商行銷的未來展望

隨著AI技術的不斷進步，電商業者將更依賴AI來優化行銷策略與提升轉換率。未來，AI不僅能自動生成內容與廣告，還能進一步改善顧客體驗，幫助電商品牌在競爭激烈的市場中脫穎而出。

Success Stories 20

AI在遊戲開發中的商業應用

★ ★ ★

隨著遊戲市場競爭加劇,開發者開始使用AI技術來提高生產力,縮短開發週期並優化遊戲體驗。一位獨立遊戲開發者透過AI自動生成遊戲角色、場景與對話,在短短六個月內成功推出一款熱門手機遊戲,創造了超過50萬美元的營收。

📍 如何利用AI在遊戲開發中賺錢?

1 AI生成遊戲角色與場景

- 這位開發者使用Scenario AI自動生成2D和3D遊戲角色,讓每個角色的風格統一又充滿變化,效率又高。
- 例如,在開發一款奇幻風格的RPG遊戲時,AI會自動生成不同種類的怪獸、城鎮與自然景觀,讓遊戲世界更多樣。
- 過去,一個3D遊戲角色的設計可能需要2~3週的時間,而AI生成技術能夠在幾小時內完成數十個角色設計,大大地提

高了開發效率。

❷ AI自動生成遊戲對話與劇情

- AI能夠透過ChatGPT API或Inworld AI生成遊戲內NPC（非玩家角色）的對話，使對話更加生動有趣，並根據玩家的選擇動態變化。例如，在一款開放世界遊戲中，玩家與AI NPC對話時，NPC會根據玩家的回答來改變態度，甚至影響遊戲劇情的發展，產生各種不同的遊戲結局。
- AI也可以用來產生任務內容，例如在MMORPG遊戲中，AI會根據玩家的等級、地點與遊戲進度，自動產生新的支線任務，增加遊戲的可玩性。

❸ AI優化遊戲營運與變現策略

- 透過AI進行玩家數據分析，開發者能夠了解哪些關卡最容易讓玩家卡關，並調整遊戲難度，確保玩家不會因挫折感而放棄遊戲。
- AI也能根據玩家行為推薦個人化的內購商品，例如：

  策略遊戲： 當AI發現某玩家總是敗給敵方高等級角色，系統會推薦購買更強的武器或裝備。

  休閒遊戲： AI分析玩家喜歡的角色造型，然後提供限時購買選項，提升轉換率20%。

- 透過AI廣告優化，AI會自動決定最佳的廣告播放時機，例如在玩家過關後提供獎勵廣告，提升廣告點擊率。

成功案例解析

案例1：AI輔助的像素風手機遊戲

- 一位獨立遊戲開發者透過AI生成像素風格（復古電玩風格）角色與場景，推出了一款免費遊戲，並透過內購與廣告變現，每月獲得10萬美元收入。
- 透過AI，開發者只需一人，就能完成原本需要5～10人團隊才能完成的美術與開發工作。
- 遊戲內的NPC對話由AI生成，使每次遊玩體驗都不同，吸引玩家重複遊玩。

案例2：AI強化的開放世界遊戲

- 一家小型遊戲工作室使用AI自動生成大規模開放世界地圖，使遊戲開發成本降低40%。
- 透過AI地圖生成技術，開發團隊無需手動設計每一寸地圖，而是讓AI根據遊戲世界觀，生成山脈、河流、城市與地牢。
- 這款遊戲成功上市後，因AI技術讓地圖無限擴展，玩家忠誠度提升，遊戲銷售額超過300萬美元。

Success Stories
21

AI金融投資顧問的自動化交易

★★★

隨著AI在金融市場的應用越來越廣泛，個人投資者也開始使用AI進行自動化交易，提高投資回報率。一位獨立投資者利用AI交易演算法，在六個月內實現20%以上的投資回報率，比傳統市場平均報酬率高出許多。以下提供如何利用AI進行金融投資的要點：

📍 AI自動分析市場趨勢

AI交易的核心優勢之一在於其能夠即時分析市場趨勢，並找出最佳投資標的。例如，市場上的AI工具，如Kavout或Trade Ideas，能夠透過機器學習和大數據分析，篩選出表現優異的股票，提供投資者決策參考。

★ 具體案例：

假設一家科技公司正準備發表一項新技術，AI透過新聞分析與市場數據監測發現，該公司近期專利數量增加，且社群媒體討論度

飆升，這可能是股價即將上漲的訊號。傳統投資者可能需要數天時間才能發現這一趨勢，而AI可以在數秒內處理這些資訊，並發送預警給投資者，讓其提早布局，獲得更好的買入價格。

另一個例子是AI分析歷史數據，比如在美股市場中，AI發現某家公司的財報公佈後，股價7天內平均上漲5%。當新一季度財報即將發布時，AI便可提前提醒投資者留意，並根據策略適時進場。

AI進行高頻交易

高頻交易（High-Frequency Trading, HFT）是一種透過AI技術來執行每秒數百至數千筆交易的策略。這類交易系統，如Alpaca AI Trading，可以即時分析市場變化，迅速執行交易，確保投資者在最佳時機進出市場。

★ 具體案例：

- **個人投資者應用高頻交易**：一名投資者原本使用傳統方式交易，買賣股票的頻率較低，因此獲利有限。當他開始使用AI自動化交易系統後，每天可執行超過100筆交易，透過市場微小波動獲利。例如，當AI發現某支股票在上午9：30至10：00之間通常有0.5%的漲幅時，系統便會自動在此時段進場交易，並在最佳點位獲利出場。

- **避險基金運用高頻交易**：某家避險基金採用AI交易系統，每

秒鐘分析上千筆數據，當發現市場波動時，立即調整交易策略。例如，在某次重大經濟數據公布前，AI預測市場會劇烈波動，因此在數秒內自動調整投資組合，降低風險。

AI風險管理與組合優化

AI還可以根據市場變化動態調整投資組合，確保資金穩定增值。例如，當市場進入震盪期，AI會自動降低高風險資產的比重，增加現金或防禦型資產的配置，如黃金或長期國債。

具體案例：

- **市場震盪時的風險管理**：某投資組合包含科技股與能源股，但在經濟數據顯示通膨上升後，科技股可能面臨壓力。AI會自動調整投資組合，減少科技股持倉，並增持防禦型股票，如醫療保健或必需消費品類股，以降低潛在損失。
- **組合優化的應用**：一名長期投資者使用AI進行組合優化，AI會定期分析其投資組合，根據市場趨勢與歷史數據提供最佳配置。例如，當AI發現某些股票已達到預期目標，便會建議投資者進行獲利了結，並重新配置資金到其他潛力標的。

成功案例解析

案例1：AI量化交易策略

AI賺錢術
AI Monetization

　　一位投資者初期投入10萬美元,並使用AI交易機器人進行量化交易,在三年內將本金成長至50萬美元,年化報酬率高達67%。

　　這名投資者原本依靠傳統技術分析選股,發現準確率有限,於是轉向AI量化交易。透過AI分析技術指標、交易量與市場情緒,系統能夠精準預測股票價格變動,並自動執行交易。隨著時間累積,小額交易的利潤逐步放大,最終達成高額回報。

★ 案例2:AI股票預測系統

　　一家對沖基金採用AI來預測市場走勢,成功降低30%交易風險,並提升15%的投資收益率。

　　這家基金過去依賴傳統分析師進行投資決策,但分析師無法即時處理龐大市場數據,決策速度較慢。導入AI後,系統每天監測數百萬筆市場數據,當發現市場即將進入修正時,會及時發出風險警告,使基金得以提前減倉避險。透過AI強大的數據處理能力,基金的投資績效大幅提升。

　　從市場趨勢分析、高頻交易到風險管理,AI幫助投資者提升交易效率與獲利能力。不論是個人投資者還是機構投資者,都能透過AI工具改善投資決策,提高市場競爭力。

　　未來AI在金融市場的應用將更加深入,甚至發展出全自動的AI投資顧問,幫助投資者達成更高的財富增值目標。

Success Stories
22

＋AI的線上教育與培訓：
個人化學習的未來

★★★

　　隨著人工智慧（AI）技術的迅速發展，教育領域正經歷一場革命。許多教育創業者開始利用AI創建個人化學習平台，以提升學生的學習效率，並且成功吸引大量訂閱者，創造可觀的收入。例如，一名教育創業者透過AI智慧推薦的線上學習平台，根據學生的學習習慣提供個人化學習體驗，成功吸引2,000名訂閱者，每月營收超過5萬美元。這個案例顯示，AI不僅能提升學習效果，還能成為教育創業者的強大工具，幫助他們打造高效能的教育模式。

　　AI在教育領域的應用已經十分廣泛，涵蓋了個人化學習計畫、智能批改與反饋、AI直播課與互動學習等多個方面。透過AI，可以幫助學生更有效率地學習，也讓教育創業者能夠提供更優質的課程，提升競爭力。以下是AI如何幫助教育創業者開創線上學習平台的關鍵應用：

AI個人化學習計畫

傳統的教育模式往往採取「一刀切」的方式，所有學生接受相同的課程內容，然而，每個人的學習能力、興趣和進度都不同，這樣的模式無法滿足每位學生的需求。而AI技術可以透過機器學習分析學生的學習習慣，根據個人需求制定個人化學習計畫，讓每位學生都能獲得最佳的學習體驗。

★ 案例：AI在數學學習中的應用

以Khan Academy（可汗學院）為例，該平台利用AI來追蹤學生的學習進度，並根據他們的表現提供量身打造的練習題。例如，當某位學生在微積分的某個概念上反覆出錯，系統會自動推薦相關的基礎課程，幫助學生回顧並鞏固基礎知識。此外，如果某位學生在某個領域的學習速度特別快，AI也能夠自動調整內容，提供更具挑戰性的題目，避免學生因為內容過於簡單而失去學習興趣。

★ 案例：AI在語言學習中的應用

在語言學習方面，Duolingo利用AI來分析學生的學習模式，根據他們的錯誤類型和學習時間安排適合的練習。例如，如果AI發現某位學生在動詞變化的題目上錯誤率較高，系統會自動增加相關的練習，並且提供即時的解說與示範，幫助學生掌握該語法要點。這種個人化的學習方式不僅提升了學習效率，也讓學生能夠更有信

心也更有意願持續學習。

⭐ AI自動批改與反饋

即時的學習反饋是提升學習效果的重要因素。然而，傳統教育模式下，老師往往無法即時批改每位學生的作業，導致學生無法快速獲得反饋。而AI技術能夠透過自然語言處理（NLP）和影像識別技術，自動批改作業並提供精確的回饋，幫助學生即時修正錯誤，提高學習成效。

★ 案例：AI在英語學習中的應用

例如，一家名為Grammarly的平台，運用AI來幫助學生自動批改英文文章。當學生輸入內容時，AI能夠即時檢測語法錯誤、拼寫錯誤，甚至提供句子優化建議。除此之外，AI也能根據文章的結構、邏輯和語氣提供更進階的建議，例如「這個句子是否過於冗長？」、「這個段落的論點是否清晰？」這些AI生成的回饋能幫助學生提升寫作能力，讓他們更容易理解自己的錯誤並加以改進。

★ 案例：AI在數學作業批改中的應用

在數學學習領域，AI也能夠自動批改學生的計算作業。例如Photomath這款應用程式，允許學生拍攝數學題目，AI會自動識別題目並提供詳細的解題步驟。這不僅能幫助學生快速了解錯誤的原

因，也能讓家長和老師更輕鬆地追蹤學生的學習進度。

AI 直播課與互動學習

AI直播課的發展，使得遠端學習更加生動和高效。透過語音辨識技術和即時翻譯功能，學生可以獲得更沉浸式的學習體驗，讓學習過程更加互動和有趣。

案例：AI在即時翻譯與口語練習中的應用

目前，許多語言學習平台已經開始利用AI來進行即時語音翻譯與口語練習。例如，Zoom和Microsoft Teams的AI字幕功能，能夠即時翻譯老師的講解內容，讓來自不同語言背景的學生都能無障礙學習。此外，AI也可以幫助學生進行口語練習，例如Speakly這類應用程式，透過AI分析學生的發音，提供即時修正建議，幫助學生更快掌握正確的語音和語調。

案例：AI在互動學習中的應用

在STEM（科學、技術、工程、數學）教育方面，AI也被廣泛應用於互動學習。例如，Labster這款線上平台，運用AI和虛擬實境（VR）技術，讓學生在虛擬實驗室中進行科學實驗。這種學習方式不僅能讓學生親自參與實驗過程，還能降低實體實驗的成本與風險，提升學習體驗。

AI正在改變教育行業，幫助教育創業者開發更客製化與高效的學習平台。無論是透過AI個人化學習計畫、自動批改作業與反饋，還是AI直播課與互動學習，這些技術都在提升學生的學習效率，並且讓教育創業者能夠提供更具吸引力的課程服務。

未來，隨著AI技術的不斷進步，我們可以期待更多創新的教育模式出現，讓學習變得更加靈活、高效和有趣。如果你有興趣進行教育創業，不妨考慮將AI技術應用於你的教育產品，為學生創造更優質的學習體驗，同時開拓更多的商業機會。

Success Stories 23

AI法律助理與文件審查

★★★

隨著人工智慧（AI）技術的進步，法律行業也迎來了革命性的轉變。AI不僅能提升法律專業人士的工作效率，還能幫助企業和個人降低法律風險，從而創造更高的價值。一名律師成功利用AI自動審查法律文件，節省70%的時間，使其能夠接觸更多客戶，提升服務品質，最終帶動年收入增加30%。這正顯示出AI在法律行業應用的巨大潛力。

那麼，如何具體利用AI在法律行業變現？以下是三個主要的應用方向：

★ AI生成合約與分析

傳統的法律文件撰寫與分析是一項耗時且費力的工作，律師必須細讀每一條條款，確保內容準確無誤，並符合相關法律法規。然而，隨著AI技術的發展，如Casetext或ROSS Intelligence等AI工

具，律師可以更高效地完成這些任務。這些AI系統能夠：

- **快速生成合約草案**：AI可以根據既有範本，自動生成符合不同需求的法律合約，減少人工撰寫的時間。例如，一名創業者想要與供應商簽訂合約，以前需要花數天時間與律師討論並撰寫文件，但現在AI工具能夠在幾分鐘內生成初稿，供律師進一步修改和確認。
- **自動檢查合約漏洞**：AI會根據既有的法律判例庫，分析合約中的潛在風險。例如，某家公司準備與合作夥伴簽訂技術共享協議，AI會檢測合約中是否缺少關鍵條款，例如「知識產權保護」或「責任條款」，確保企業權益不會受到侵害。
- **比對判例**：AI可快速檢索數千條相關判例，幫助律師做出更精確的法律判斷。例如，若某公司面臨勞資糾紛，AI可以找出過去相似案例的判決結果，為企業提供有力的應對策略。

★ 案例

一家小型初創公司希望與投資人簽署投資協議，通常需要聘請律師起草長達數十頁的法律文件。但透過AI生成的合約範本，創業者可以更快完成初步協議，僅需要律師進行最終審核，大幅降低法律顧問費用，同時提升簽約效率。

AI進行法律諮詢與輔助

法律服務的傳統模式通常依賴律師與客戶面對面溝通，這不僅費時，還需要支付高昂的律師費用。然而，AI聊天機器人的發展，使得法律諮詢變得更即時且經濟實惠。透過AI聊天機器人能夠：

- **即時回答法律問題**：許多常見的法律問題，例如「如何成立公司？」「租賃合約有哪些常見陷阱？」等，都可以透過AI迅速獲得初步解答。例如，美國的DoNotPay AI機器人可以幫助用戶處理停車罰單、索取退款、起草小額索賠訴狀，甚至提供移民法律建議。

- **指引客戶尋找適合的律師**：當AI無法解決複雜問題時，它可以自動推薦專業律師，讓客戶獲得進一步的法律協助。例如，一名企業主希望了解國際貿易法規，但AI在基礎諮詢後，發現案件涉及多國法律，便自動將客戶引導至國際法專家。

- **處理大規模法律諮詢**：法律公司可以利用AI機器人來解決大量常見問題，讓律師將精力集中在更高價值的案件上。例如，房地產公司可以使用AI解答購房者關於房產稅、合約條款、過戶手續等問題，減少人工客服的壓力。

★ **案例**

一家提供網路貸款的公司面臨大量客戶詢問貸款合約的問題。以往，客服團隊每天都要回覆數百封郵件，處理時間長且容易出

錯。現在，公司透過AI讓客戶輸入問題後，自動獲取合約條款的解釋與建議，不僅提高回應速度，也降低了人力成本。

AI在法律行業的應用正在顛覆傳統法律服務模式，不僅讓律師的工作更加高效，也讓企業與個人能夠以更低的成本獲得優質法律服務。從AI生成法律合約、進行法律諮詢，到法律風險分析，AI正在成為法律行業中不可或缺的重要工具。

未來，隨著AI技術的進一步發展，我們可以預見更多創新的應用，例如AI法律顧問、智能合約，甚至是AI主導的線上訴訟平台。對於律師、法律機構以及企業來說，擁抱AI不僅是提升競爭力的關鍵，更是開創新商機的重要機會。

Success Stories 24

AI輔助的個人化健身計畫

★ ★ ★

　　一名健身教練透過AI開發了一套個人化健身計畫,該計畫能根據用戶的身體生理數據,提供最適合的運動方案,幫助會員提升運動效果。這套AI系統不僅能根據使用者的體重、身高、心率、運動習慣等數據進行分析,還能隨著時間的推移,根據使用者的訓練進展進行動態調整,以確保每個人都能獲得最佳的健身效果。憑藉這套AI自動調整的服務,該健身教練的月營收突破7萬美元,成為健身AI變現的一大成功案例。

　　AI在健身與健康領域的應用非常廣泛,從個人化健身計畫到即時數據監測,再到訂閱制健身內容,以下將詳細解析這三大核心模式。

📍AI生成個人化健身計畫

　　個人化訓練如何提升用戶體驗?傳統健身計畫通常由健身教練

根據用戶的需求與身體狀況制定，但這種方法存在一定的局限性，例如：

- 需要大量的時間來評估每個人的身體狀況和運動表現。
- 訓練計畫缺乏動態調整，無法即時適應用戶的身體變化。
- 健身教練的人力有限，難以服務大規模的客戶群體。

透過AI技術，如Whoop或Freeletics AI，可以自動生成個人化健身計畫，讓用戶根據身體狀況獲得最佳的訓練建議。例如，AI可根據用戶的運動歷史、體能狀況、目標（如減脂、增肌、提升耐力）來制定個人專屬的運動計畫，並根據實時數據調整訓練強度與內容。

★ 案例：AI訓練助手如何優化平台體驗

舉例來說，某健身平台開發了一款AI訓練助手，使用者只需輸入基本資料（如年齡、體重、運動經驗等），AI就能提供一套適合該用戶的運動計畫。隨著用戶的運動習慣變化，AI還能適時調整運動頻率與難度，確保使用者持續進步。該平台透過月費訂閱模式，成功吸引了50,000名會員，每月創造數百萬美元的收入。

★ AI監測健康數據與分析

在健身過程中，監測身體生理數值對於優化運動計畫至關重要。即時健康監測如何提升健身效果？例如：

- **心率監測**：幫助用戶判斷運動強度是否達標，避免過度訓練或運動不足。
- **睡眠品質分析**：良好的睡眠有助於身體恢復，AI可以根據睡眠數據調整運動計畫。
- **身體恢復狀態評估**：透過AI分析運動後的恢復情況，推薦適當的休息時間與恢復訓練。

★ **案例：Whoop如何透過AI提供數據分析**

以知名AI健康監測設備Whoop為例，它可以追蹤用戶的心率變化、睡眠品質、運動負荷等數據，並透過AI算法給予個人化的建議。例如，當AI偵測到使用者的恢復狀況不佳時，它會自動降低運動強度，並建議使用者多休息。Whoop採取訂閱模式，每月收費約30美元，目前已擁有數十萬名訂閱用戶，成功打造出AI健身變現模式。

AI健身內容訂閱模式

隨著線上健身市場的興起，許多用戶希望在家就能獲得專業的健身指導。AI可以自動生成個人化健身影片，讓使用者隨時隨地獲得高效訓練。例如：

- **根據用戶需求自動推薦健身內容**：AI可以分析使用者的運動習慣，推薦最適合的訓練影片。

- **即時互動與動作指導**：透過AI技術，使用者可以即時獲得動作調整建議，確保運動姿勢正確。
- **數據驅動的訓練調整**：AI根據用戶的表現，自動調整影片難度，確保使用者可以持續挑戰自己。

★ **案例：Peloton運用AI技術的訂閱模式**

Peloton是全球知名的AI健身平台，該平台提供大量AI智慧推薦的健身課程，讓用戶可以透過智能設備參與訓練。Peloton採取訂閱模式，每月收費約39美元，為用戶提供各種高強度間歇訓練（HIIT）、瑜伽、騎行等課程。該平台透過AI分析使用者的訓練數據，推薦適合的影片，提升用戶黏著度，成功創造數億美元的年收入。

如何運用AI在健身產業創造財富？

從上述案例可以看出，AI在健康與健身領域的應用已經非常成熟，並且能夠有效提升使用者體驗，同時創造可觀的收益。如果想透過AI在健身產業變現，可以考慮以下策略：

1. **開發AI個人化健身計畫**，根據用戶需求提供訂閱服務或一次性收費。
2. **利用AI監測健康數據**，提供即時健康建議，並透過設備或應用程式變現。

3. **建立 AI 健身訂閱模式**，提供自動推薦的訓練內容，提高用戶黏著度與收益。

未來，隨著 AI 技術的不斷發展，健身產業的變現方式將更加多元，創業者與企業可以利用 AI 創新，開發更具競爭力的健康與健身產品，抓住市場機會，打造高盈利的 AI 健身商業模式。

隨著人工智慧技術的飛速發展，世界已經迎來了一場顛覆性的變革。AI 不僅改變了我們的生活方式，更為各行各業帶來了前所未有的賦能機會，幫助企業和個人實現高效盈利模式的革新。本書所探討的十個成功案例，涵蓋了藝術、寫作、金融、教育、遊戲開發、法律、電商、健康與健身等多個領域，充分證明了 AI 作為生產力工具的強大潛力。從 AI 生成藝術的 NFT 商機，到 AI 自動化寫作與高效投資策略，這些案例共同揭示了一個關鍵的訊息——AI 賦能的時代已經來臨，並且正在開創無限的商機與財富新機會。

面對AI重寫世界規則，你也該重寫人生劇本！
《真永是真》給你999則定理×360度智慧學習 打開認知全宇宙，建構你的升級版人生！

★ ★ ★

　　「是錯永不對，真永是真。」真理從不喧嘩，卻歷久彌堅。它穿越時代的洪流，經歷無數人的實踐與沉思後，沉澱成閃耀的智慧星辰，靜靜照亮那些願意尋求、願意相信的人。那些經歷歷史考驗與理論驗證的真理，蘊含著深奧的哲理與無盡的大智慧，正是我們面對未來不確定性時，最可靠的依據。

　　書，是人類與智慧對話的橋樑，是人類進步的階梯。教育的目的，是為了擺脫階級限制並提高認知；而閱讀的最大價值，正是為了跳脫平庸，活出更高層次的自己。然而，愛讀書的人常面臨兩大困境：

- ✓ 書海浩瀚，不知從何讀起；
- ✓ 辛苦讀完，卻難以內化為自身認知，更難在關鍵時刻靈活運用。

　　在這個資訊氾濫、節奏飛快的AI時代，我們不缺知識，卻常常淺嚐輒止、過目即忘。快速吸收、快速遺忘，已成為現代人的通

病。我們不缺資料，缺的是系統化吸收與深度理解的能力。因此，若能抓住書中最核心的智慧，把它轉化為精神資產，就能真正「活用知識，活出見識」，拓展自己的認知邊界。

★ 為您講道理、助您明智開悟！

我們無法選擇時代，但可以選擇自己的覺醒方式。真正能走得遠、站得穩的人，不是最聰明的，而是擁有「文化型智慧」與「認知穿透力」的人。在這場大洗牌中，您的「學習力」與「認知力」，決定您未來的競爭力。如果您不想成為被時代淘汰的一群，就必須擁有內建的思維系統，精準吸收、迅速行動。這正是《真永是真》人生大道叢書的核心價值。這不僅是一套書，更是一場深刻的自我覺醒旅程。

Jacky Wang王董事長，五十年人生淬煉，於萬卷書中尋道，沿著「述而不作」的傳統，謙遜地整理古今聖賢的智慧光芒。「述而不作」，意指不創造新理論，而是整理、闡述先哲遺留下來的智慧結晶。正因如此，孔子才得以深入研讀三代典籍，汲取歷代先賢的思想菁華，並在《論語》中總結出影響千古的人生哲理。孔子一生未創新說，只述先哲之道，卻能流芳千古，正因他深知：真理不必發明，只需體悟與承傳。這套《真永是真》人生大道叢書，即是王董事長效法孔子「述而不作」的精神，召集各領域專家學者，帶領

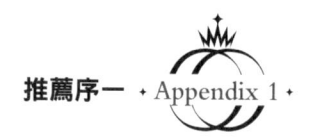

編輯小組，匯聚跨界賢達之力共同編纂而成的。總結了數千則人生大道理，並從超過萬本經典與實戰書籍中，精選出999則歷久彌新的真理，將古今中外成功者的思維模式、人生原則、處世邏輯進行「重整」與「再詮釋」，系統整理與深度濃縮，讓真理以嶄新方式呈現，轉化為當代可實踐的人生智慧，使之更貼近AI時代應用，為您建立一套能在混沌中清晰決策、在變局中精準前進的「認知系統」，為您的人生導航！

未來不等人，知識不主動整理就會流失。這部跨越東西、融通古今、實戰與哲思兼備的智慧大全，期望能超越《四庫全書》與《永樂大典》，成為新時代知識與行動的導航器，能為您的生活、事業與人生指引方向，翻轉命運，成就最好的自己！

堪比史上兩大文化瑰寶

《永樂大典》和《四庫全書》都是由當朝聲勢最盛的皇帝號召天下之書上繳，集數千人之力完成的宏偉巨著，是國家傾盡全力編修而成的。

《永樂大典》是因明成祖朱棣覺得天下古今的事物分散記載在各書之中，很不容易查看，便命大學士解縉組織儒士，編成一部一查便知的大部頭百科全書。動用朝野上下共2169人編寫，歷時六年編修完畢。

《永樂大典》彙集了古今圖書七、八千種，上自先秦，下迄明初，包羅萬象，歷史、文學、書法、科技、醫術、農學、戲曲、軍事等領域無所不包，天文地理，人事名物，幾乎將明朝之前數千年的文化書籍全部歸納在其中，是世界上最早、最宏偉的百科全書。其被《不列顛百科全書》稱為「世界有史以來最大的百科全書」，正本11095冊，共約3.7億字，保存了14世紀以前中國歷史地理、文學藝術、哲學宗教和百科文獻，顯示了中國古代科學文化的光輝成就。可惜的是，於1900年八國聯軍入侵北京時，慘遭厄運，絕大部分被焚毀、搶奪，絕大部分已不知去向。《永樂大典》現存殘卷的規模尚不及原書的4%。

　　與之相對的《四庫全書》是中國歷朝最大的一部官修書，也是中國歷代最大的一套叢書。是在清乾隆皇帝的主持下，由紀昀（紀曉嵐）等360多位高官、學者編撰，3800多人抄寫，耗時十三年編成的叢書，分經、史、子、集四部，故名四庫。共收錄了上自先秦、下至清朝乾隆以前2000多年以來的3500多本重要書籍。包括古代所有的重要著作和科學技術成就。共有7.9萬卷，3.6萬冊，約8億字。由於《四庫全書》內容太多，書的數量也太多，抄錄與校對工作成為編書過程中持續時間最長、花費人力物力最多的工作，僅抄書匠就廣招近4000人，參與古籍收集、整理、編輯的官員更是不計其數。

★ 超越《四庫全書》的「真永是真」人生大道叢書 ★

	中華文化瑰寶 清《四庫全書》	當代華文至寶 真永是真人生大道	絕世歷史珍寶 明《永樂大典》
總字數	8 億 勝	8 千萬字	3.7 億
冊數	36,304 冊 勝	353 本鉅冊	11,095 冊
延伸學習	無	視頻＆演講課程 勝	無
讀書會	無	HCI 真永是真 AI 分匯 每月例行讀書會 勝	無
電子書	有	有 勝	無
NFT & NFR	無	有 勝	無
實用性	有些已過時	符合現代應用 勝	已失散
叢書完整與可及性	收藏在故宮	完整且隨時可購閱 勝	大部分失散
可讀性	艱澀的文言文	現代白話文，易讀易懂 勝	深奧古文
國際版權	無	有 勝	無
歷史價值	1782 年成書	2024 年出版 勝 最晚成書，以現代的視角、觀點撰寫，最符合趨勢應用，後出轉精！	1407 年完成 勝 成書時間最早，珍貴的古董典籍。

　　《四庫全書》是中國史上最大的文化工程，對中國古典文化進行了一次最有系統、最全面的總結，中國文、史、哲、理、工、農、醫，幾乎所有的學科都能夠從中找到源頭和血脈，呈現出中國古典文化的知識體系。《四庫全書》當時共手抄正本七部。因戰火波及，現今只剩三套半，而今保存較為完好的一部是文淵閣版本，現藏臺北故宮博物院。

　　《永樂大典》的編排方式類似於現代的百科全書，分類輯錄（摘抄）古代文獻，雖然偶爾也有全文收錄的，更多的是截取，再分類編排。《四庫全書》則是叢書，將文獻整本編入，收錄的都是完整的內容。

由於明成祖朱棣並沒有對《永樂大典》編纂的具體方式和內容做過多的限制，所以，《永樂大典》是把自古到當時所有的圖書全面搜集，將相關內容一句、一段或整篇、整部書摘引抄錄下來，甚至同一事物的不同說法也都全部彙編，供人參考。而乾隆皇帝編纂《四庫全書》時是想藉修書之機，把全國的書籍進行了一次全面、徹底的審查，大量焚毀那些對於清朝統治不利的古籍，並且對於一些涉及到敏感字眼的文章書籍進行大量的篡改。銷毀書籍的總數據統計為一萬三千六百卷。這些被銷毀的書籍有部分被張海鵬編入《墨海金壺》套書中，今人可至《守山閣叢書》中閱覽。《四庫全書》所保留下來的大部分都是清朝皇帝從清朝的視角想要讓我們看到的書，例如《四庫全書》中就絕不會有「反清復明」的任何思想。由此可知《永樂大典》相對來說較為客觀且內容包羅萬象。

身為現代人值得擁有的資訊百科全書

以上兩大經典巨著，一套大部分已佚失，一套珍藏在故宮博物院，無法輕易擁有，而內容集結古代文化瑰寶，但以知識面而言，內容早已不合時宜。由出版集團董事長 Jacky Wang 召集各領域學者專家共同整編、統整、歸納，聯手打造的《真永是真》人生大道叢書，可說是當代的《四庫全書》，兼顧實用與經濟實惠，人人都能擁有一本在手，甚至整套都可以置放在書架上！

推薦序二 ◆ Appendix 1 ◆

　　《真永是真》人生大道叢書的編纂，是一場前所未有的知識革命——這不只是知識的累積，而是一項跨界、跨時代的智慧工程，這套叢書融合現代心理學、經濟學、管理學、創業學、AI創富、經典文學……等多元領域，談的是現代應用的知識、未來的趨勢，具實用性的人生大道，是跨界整合的知識。以全世界為範疇，古今中外的所有理論、思想為核心，由於當代2億多種書無法重複抄錄，所以王董事長親自引領編輯團隊統整、歸納，並廣邀各領域專家達人為叢書單書之作者來統籌編撰，透過串聯當代思想與實用真知，為讀者打造最有效的學習捷徑。解決「沒時間讀書」、「讀完就忘」、「抓不到重點」等知識焦慮，讓你一次讀通、讀透關鍵大道理！這是一套從知識走向行動的指南，也是你在混沌時代中做出選擇、逆勢翻盤的秘密武器。

✓ **看似經典，卻是最前沿的未來工具書**
✓ **為現代人打造出最有效、最能落地的知識系統**

　　在全面數位化、AI重塑一切的時代裡，真正的危機從不是「你不夠努力」，而是你還活在過去的學習邏輯裡。在這個演算法主導的世界裡，真正有價值的，不再是「知道什麼」，而是——您能不能看穿本質、整合知識、做出選擇、行動實踐。這正是《真永是真》叢書的存在意義——我們不只是幫你讀懂書，更教你如何運用知識解決問題、創造價值。從《塔木德》、第一性原理、《為您朗

讀》到內捲漩渦、Web5.0、元宇宙新秩序……等文化資產，建構您看懂世界的底層邏輯。同時，我們也將量子糾纏、AI賦能、NFT & NFR、AI賺錢術等最前沿的科技知識納入其中，除了解析還教您如何應用、如何全方位融會貫通，落實於生活與事業中！不只是讓您知道「發生了什麼」，更讓您學會——如何思考、如何選擇、如何不被淘汰。因為這個時代，不缺知識，缺的是方向。不缺資訊，缺的是選擇！不缺答案，缺的是好的提問方式！《真永是真》要給您的，不只是知識的厚度，更是穿越變局的力量，是你思想重啟、能力升級的起點。

個人成長×認知升級×時代趨勢×實踐策略

★★ **每一句真理，都是一種「可實踐的思維模式」** ★★

★★ **每一頁內容，都是您AI時代的「認知導航系統」** ★★

《真永是真》人生大道叢書分兩大系列：單冊詳述版與彩色MOOK專輯版共計353鉅冊。單冊詳述版套書為標準18開尺寸，每一冊詳細介紹3個定理的起源、作用、案例、生活與工作上的應用等，預計收錄999個定理。提供您與時俱進、系統化的真智慧！除了有實體書本，每一個真理均搭配書籍、HCI讀書會、電子書、有聲書，甚至提供

Appendix 1

Vlog視頻、演講課程,並同步發行EPCBCTAIWSOD十二種載體,提供讀者更多元的學習方式。其中《真永是真》有聲書系列長踞博客來有聲書暢銷書排行榜前十名,是台灣地區最暢銷也最長銷的有聲書系列。

① 1	馬太效應	2 莫菲定律		3 紅皇后效應	
② 4	鯰魚效應	5 達克效應		6 木桶原理	
③ 7	長板效應	8 彼得原理		9 AI賺錢術	
④ 10	古德定律	11 AI賦能		12 格羅夫定律	
⑤ 13	內捲漩渦	14 量子糾纏		15 NFT與NFR	
⑥ 16	摩爾定律	17 AI變現		18 帕金森定律	
⑦ 19	沉沒成本	20 AI創業		21 傑文斯悖論	
⑧ 22	鰷魚法則	23 霍桑效應		24 畢馬龍效應	
⑨ 25	天地人網	26 AI經濟學		27 接建初追轉	
⑩ 28	市場區隔	29 目標市場		30 市場定位	
⑪ 31	機會成本	32 洛克定律		33 低風險創業	
⑫ 34	破窗理論	35 飛輪效應		36 吸引力法則	
⑬ 37	零和遊戲	38 囚徒困境		39 聚光燈效應	
⑭ 40	路徑依賴	41 羊群效應		42 登門檻效應	
⑮ 43	首因效應	44 刺蝟法則		45 安慰劑效應	
⑯ 46	光的秘密	47 弦理論		48 意識界的奧秘	
⑰ 49	責任分散	50 從眾效應		51 倖存者悖論	
⑱ 52	熱爐法則	53 蘑菇定律		54 麥拉賓法則	
⑲ 55	二八定理	56 長尾理論		57 貝氏定理與邏輯	
⑳ 58	因果關係	59 邊際效應		60 斜率與微積分	
㉑ 61	蝴蝶效應	62 乘數效應		63 滾雪球效應	
㉒ 64	Web5.0	65 元宇宙		66 AI提問法	

共……999則

彩色MOOK專輯版系列為您精選21個同類向的定理、道理，收錄在一冊，方便讀者一起比較統整、對照出優劣，以達到因時、因地做不同的活學與活用！如：心理學／管理學／創業賺錢學／經濟學／學習成長／科技科普／人際學溝通學／消費心理學……等分類的主題專書，共計20鉅冊。

《真永是真》人生大道叢書自2024年～2050年期間，將由四代編輯共同完成，本套書將以電子書、有聲書等各式型態多元完整地保留下來，後人若有興趣、意願改編也可以，本叢書已聲明將放棄版權，歡迎後人或法人機構改編或擴編使其更趨完善！

⭐ 不容錯過的真讀書會

所謂讀萬卷書，不如行萬里路；行萬里路，不如閱人無數；閱人無數，不如名師指路；名師指路，不如跟隨成功者的腳步；跟隨

成功者腳步，不如高人點悟！

每年的11月王天晴大師生日時將舉辦「真永是真・真讀書會」知識型生日趴，是一場華人圈最高端的知識饗宴，為迷航人生提供真確的指引明燈，成為華語華文知識服務KOD&WOD之領航家！不僅帶您一次讀通、讀透上千本書籍的真理智慧，助您活用知識、擴大認知邊界，開啟終身學習之旅，讓知識成為力量，提升自我軟實力。除了滿是乾貨的最新應用真理與前端趨勢演講，還能享有免費午茶、蛋糕吃到飽。在這盛大場合中，還能認識各領域領袖大咖老師和知名品牌產生群聚效應，不僅頭銜與身分改變，也帶來名聲與財富！是您一定不能錯過的知識饗宴！此外，HCI的【真永是真AI分匯】也會定期舉辦免費的讀書會。「真永是真・真讀書會」邀您一同追求真理、分享智慧、慧聚財富！有興趣者可掃QR碼或上新絲路網路書店報名。

★ 讓智慧不再停留於紙上，而是化為您的力量！

知識就是力量，而智慧又是知識的昇華！然而多少曠世鉅著已被大多數人束之高閣？偌大的知識體系乏人整理編輯，其強大的知識力也就難以發揮！希望能有更多讀者願意將《真永是真》這套書翻開、買回家、繼續讀！這樣知識就能重新擁有生命力，

智慧也於焉誕生。

- ✓ 可以內化為行動的智慧
- ✓ 可以啟動人生轉變的指南
- ✓ 可以傳承給下一代的思想資產

閱讀不是逃避現實，而是為了成為可以駕馭現實的人。而知識的取得，早已不限於紙本書。隨著科技發展，學習的方式與素材也變得更多元，舉凡影音平臺、線上講座，皆為吸收知識的途徑。為了符合當今的趨勢，透過EPCBCTAIWSOD十二種載體為這本套書的發展方針，盼望以不同的方法，傳播各種知識，提供您360度全方位學習，使學習這件事變得更為輕鬆方便。

知識，不該只是知道；智慧，必須成為您的選擇力、判斷力與生命底氣。這套《真永是真》人生大道叢書出版的初衷，是希望能帶給讀者幸福、璀璨的人生，並能讓人體認到真理的可貴之處。用這999則真理，讓您的選擇更精準、行動更果斷、人生更有方向。保證能為迷航人生提供真確的指引，教您找到人生的方向，並建構π型人生與斜槓創業賺錢術。企業在轉型、產業在重構，人也得成為「升級版的自己」，當AI正重寫世界的規則，您要有能力重寫您的人生劇本，現在，就是您重啟智慧系統的最佳時刻。面對AI新世界，您終將無可取代！

對齊 AI 引領新方向！

★★★

2022年11月，一個足以改變人類文明進程的時刻悄然到來。OpenAI推出的ChatGPT如同一顆炸彈，在短短五天內突破百萬用戶，創造了科技史上成長最快的應用紀錄！這一刻，無數頂尖科學家、未來學家、科技巨頭一致認為：「AI奇點」已經降臨，人類社會即將迎來前所未有的巨變！

這不是科幻電影，不是虛構故事，而是你我正在經歷的真實世界！AI已經以光速滲透到我們生活的每一個角落，從醫療診斷到金融分析，從內容創作到自動駕駛，從法律諮詢到藝術創作，AI無處不在，無所不能！它不僅能下棋、寫文章、編程、設計，還能作曲、繪畫、看病、法律諮詢、製作動畫影片，甚至能在幾秒鐘內分析完一本厚重的書籍，並生成一篇令人驚嘆的書評！

想像一下，當你還在夢鄉中酣睡，AI已經為你完成了一整天的工作；當你還在思考如何解決問題，AI已經提供了十種最優解決方案；當你還在學習新技能，AI已經掌握了這項技能的所有精髓並開始創新！

你，是要成為AI時代的引領者，還是被無情淘汰的過客？

AI進化史：從圖靈測試到AGI——人類智慧的極限挑戰

回顧AI的發展歷程，每一個里程碑都令人震撼：

年份	事件	說明
1950	AI的誕生	艾倫·圖靈（Alan Turing）發表〈計算機與人工智慧〉提出「圖靈測試」，成為AI領域的奠基之作。
1956	人工智慧（AI）正式命名	在達特茅斯會議中，John McCarthy等人首次提出「人工智慧」這一術語。
1986	反向傳播算法（Backpropagation）	David Rumelhart等人提出反向傳播算法，為神經網絡發展奠定基礎。
1997	深藍（Deep Blue）擊敗國際象棋冠軍	IBM的深藍超級電腦擊敗國際象棋（西洋棋）世界冠軍Garry Kasparov，展示AI在專業領域的計算能力。
2012	深度學習革命（AlexNet）	AlexNet使用深度卷積類神經網路（CNN）在圖像識別比賽中取得突破性成果，開啟深度學習應用的黃金時代。
2016	AlphaGo擊敗李世乭	DeepMind的AlphaGo在圍棋比賽中擊敗世界冠軍李世乭。
2017	Transformer模型誕生	Google提出Transformer架構，成為自然語言處理（NLP）的基石，後續GPT、BERT等模型基於此開發。
2018	GPT-1發表	OpenAI公布GPT-1，開啟了大型語言模型的新時代。
2020	GPT-3發布	OpenAI推出GPT-3，能夠生成高品質的文本和代碼。

年份	主題	內容
2022	ChatGPT引爆全球AI熱潮	ChatGPT發布後用戶數量迅速突破1億，成為史上成長最快應用程式。
2023	GPT-4和多模態AI技術發展	★ OpenAI推出GPT-4，支持多模態輸入（文本、圖像、影音），AI技術進一步向通用型人工智慧（AGI）邁進。 ★ 馬斯克創立的xAI發布Grok模型，挑戰OpenAI和Google的AI霸權地位。
2024	AI個人助理發展	★ AI個人助理成為主流，AI生成藝術和音樂廣泛應用於創意產業。 ★ Google發布Gemini Ultra、Claude 3 Opus等超強模型。
2025	DeepSeek震撼全球、通用型人工智慧（AGI）雛形問世	★ 中國幻方量化DeepSeek發布超越西方模型的AI系統，被譽為「史普尼克1號再現」，成為AI技術的新標杆。 ★ xAI推出Grok 3，進一步推動了自然語言處理技術的發展，引發行業震動。 ★ AI取代大量傳統工作，同時創造了大量新職業，如AI標註師、AI倫理顧問等。 ★ 開發出初步具備通用型人工智慧能力的系統，能夠在多領域任務中展現接近人類的學習和推理能力。
2026	由AI推動的自動化社會正邁入新階段	★ 大規模自動化系統取代多數重複性工作，AI在教育、創意產業和政府治理中開始發揮核心作用。 ★ AI與量子計算結合，解決傳統計算無法處理的複雜問題。
2027	AI代理大爆發	★ 絕大多數使用生成式AI的企業推出AI代理（AI Agent）專案。 ★ AGI趨於完備。

AI的發展每一步都是人類文明的巨大飛躍，每一次突破都在重新定義「智慧」的邊界！

★ 全球AI競賽白熱化：科技冷戰2.0全面爆發！

2025年初，中國的DeepSeek如同21世紀的「史普尼克1號」震撼全球，AI技術再度飛躍，掀起新一波全球高科技競賽！這款由中國幻方量化開發的超級AI模型，不僅在運算能力、語言理解、邏輯推理上全面對齊西方模型，更在創意生成、科學研究等領域展現出驚人實力，讓西方世界感受到前所未有的競爭壓力。

緊隨其後，馬斯克的xAI推出Grok 3，以其強大的數學推理能力和創意寫作能力，成為AI應用的新典範。Google的Gemini Ultra、Anthropic的Claude 3 Opus等超級模型也相繼問世，全球AI競賽進入白熱化階段！

這些AI系統不再只是簡單的工具，而是具備強大學習能力和自主思考能力的「類智慧體」，能夠自動分析市場、預測趨勢、制定策略，甚至在多領域任務中展現接近人類的學習與推理能力。AGI（通用人工智慧）雛形初現，人類社會的結構與價值觀正在被徹底重塑！

★ AI時代的生存之道

「人間一年，AI一天」，AI的發展速度之快，讓人類幾乎無法跟上它的腳步。面對這場前所未有的AI變革，個人該如何應對呢？首先，你必須改變對AI的認知。AI不是敵人，而是最強大的降本增效的工具。那些能夠善用AI的人，將獲得「超人」般的能力。例如，一位懂得運用AI的設計師，其工作效率可能是傳統設計師的十倍以上；一位掌握AI寫作的作家，可以在保持創作品質的同時，大幅提升創作速度。

要在AI時代保持競爭力，關鍵在於建立「AI思維」和掌握「AI應用能力」。所謂AI思維，就是要理解AI的工作原理和局限性，知道在什麼場景下使用什麼樣的AI工具，如何將AI整合到自己的工作流程中。「雲」與「端」是也！

然而，僅僅會用AI工具是遠遠不夠的。真正的競爭優勢在於如何創造性地運用AI。例如，有設計師將AI生成的圖像與傳統手繪技法結合，創造出獨特的藝術風格；有教師將AI助手整合到課堂教學中，大大提升了教學效果；有企業家利用AI分析市場數據，發現了傳統方法難以察覺的商機。

以內容創作為例，一個優秀的AI使用者可以使用AI工具協助生成大綱和初稿、配圖、潤稿並進行事實核查和邏輯優化。這個過程中，人類的角色是總監和策劃者，而不是具體執行者。這種工作

方式可將原本需要一週完成的工作量壓縮到一天內完成。

AI Agent時代已然來臨，美國科技大廠Salesforce創辦人班尼沃夫公開表示，將不再聘用新的軟體工程師，而Meta創辦人祖克柏更指出，AI技術的能力已經可以與中階工程師相提並論。這是否意味著，工程師的黃金時代即將結束？事實並非如此悲觀。台灣知名獨角獸Appier創辦人游直翰提出：「未來我們需要的是懂AI的工程師。」AI可以處理結構性資料與重複性任務，但真正有價值的人才，將專注於設計AI架構與解決高層次問題。這也意味著，工程師的角色正在從基礎執行者轉型為策略規劃者。

在職場競爭中，「AI素養」正在成為最重要的軟實力。根據LinkedIn的調查報告指出，超過80%的招聘方在招聘時都將「AI應用能力」列為重要評核項目。一些跨國企業甚至開始要求員工必須通過AI能力認證考試。這種趨勢在未來只會越來越明顯。

更重要的是，我們必須認識到，AI時代最稀缺的反而是人類特有的能力：同理心、創造力、判斷力、領導力等。這些「軟技能」將變得比「硬技能」更加珍貴。因為AI再強大，也無法真正理解人類的情感需求，無法做出涉及道德和價值判斷的決策。

★ AI對齊產業：不是取代，而是升級！

世界經濟論壇最新報告震撼揭露：到2025年底，全球將有超過8,500萬個工作職位被AI取代，這意味著未來平均每三個人中，

就有一個人會失去現有的工作！更令人震驚的是，報告指出，現有43%的技能將在未來五年內徹底過時！

這絕不是危言聳聽！讓我們看看已經發生的真實案例：

高盛證券引入AI和機器學習的自動交易系統，AI系統能24小時運作，並在毫秒內完成交易，準確率遠超人類交易員。被裁員的交易員中，有許多人年薪超過百萬美元，在AI面前，他們的專業技能瞬間變得一文不值！

安理國際律師事務所導入Harvey AI助手系統，三個多月處理了四萬多個問題。它能在幾秒鐘內完成文件審查、合約撰寫等工作，而這些工作原本需要初級律師花費整整數天的時間。更重要的是，AI的錯誤率低於1%，遠優於人類律師！

美聯社、路透社早已採用人工智慧技術，處理大量商業數據，撰寫財經新聞，微軟公司使用自動化編輯首頁新聞，裁撤許多網頁新聞編輯。許多資深財經記者不得不承認，在基礎新聞寫作方面，他們已經完全無法與AI競爭！

2025年6月，DeepSeek的高階模型已能完成複雜的法律文書、精確的醫療診斷和精細的藝術創作，讓曾經被認為「AI難以取代」的高薪專業人士也感受到前所未有的壓力。

AI不是只會搶走基層工作，而是全面升級、重新打造每一個產業！根據麥肯錫的報告，到2030年，AI將為全球經濟帶來超過20萬億美元的附加價值，占全球GDP的5%。但這筆財富是極度不均衡地分配──懂得運用AI的人獲得前所未有的財富增長機會，而拒

絕擁抱AI的人則永遠被時代拋棄！

📍AI馬太效應：強者恆強，弱者淘汰！

　　AI使得馬太效應的兩極化以指數型式不斷加速擴大！在這場前所未有的變革中，人類社會正在經歷一場殘酷的分化。未來的世界只會有兩種人：一種是懂AI、用AI的人，另一種是不知道AI，也不會使用AI的人。

　　擅用AI的人將享受：

- ★ 收入倍增，甚至數百倍成長
- ★ 工作效率提升10倍以上
- ★ 擁有更多創意空間與自由時間
- ★ 掌握未來產業發展主導權
- ★ 獲得前所未有的競爭優勢

　　而排斥AI或不知道AI的人則將面臨：

- ★ 收入急遽下降
- ★ 失業風險與技能過時
- ★ 競爭力全面崩塌
- ★ 被AI取代的恐懼與焦慮
- ★ 在新時代中被徹底邊緣化

　　這不是選擇題，而是一場所有人都不得不參與的生存遊戲！您，準備好了嗎？

傳統出版業的華麗逆襲：從紙本出版到AI知識服務，再升級為思維服務！

就在眾人以為傳統出版業即將成為歷史塵埃之際，兩岸知名的出版集團——華文網出版集團，卻在2025年上演了一場驚天逆襲！華文網不僅成功從紙本出版轉型為AI知識服務，更成為引領行業變革的領導品牌，開創了出版業的全新格局！

這場轉型的成功，始於華文網敏銳地捕捉到AI時代的巨大商機。在董事長Jacky Wang的卓越領導下，華文網率先在業界導入全方位的AI系統，從寫稿、潤稿到校對、設計、行銷，全面實現智慧化升級。AI+與+AI的完美結合，讓內容產出速度提升了驚人的8倍，製作成本更大幅降低了60％！

★ **AI+內容創作**：華文網引進全球最先進的AI創作系統，輔助作者進行內容生成、資料蒐集、章節架構、靈感激發。過去需要數月才能完成的書稿和各種內容（Contents），現在只需幾天甚至幾分鐘就能完成！AI不僅能模仿各種文體風格，還能根據市場熱點自動生成暢銷主題，讓每一本書都具備爆款潛力！

★ **編輯+AI**：AI輔助翻譯、校對、潤稿與核稿，確保內容精確無誤，減少人為疏漏。無論是錯別字、語法錯誤還是邏輯漏洞，AI都能迅速識別並提出修改建議。AI還能分析讀者閱

讀習慣，提出內容優化建議，確保每一本書都精雕細琢，品質無懈可擊！

★ **AI+設計**：AI生成書籍封面設計與排版，大幅節省製作成本。AI能根據書籍主題自動生成符合風格的設計方案，讓每一本書都獨具特色。

★ **市場分析與預測+AI**：AI分析讀者需求，幫助出版團隊制定更精準的行銷策略。通過資料的深度分析，AI能預測哪些主題或內容更具市場潛力。

★ **AI+知識服務**：華文網不僅出版紙本書、電子書與NFT，更結合線上線下課程與讀書會，打造全方位學習生態系，全面發展AI知識服務。

華文網旗下每位社長、主編都配備十數位AI超級助理，24小時全時待命，協助內容產出、審稿、設計、行銷、數據分析，成就史上最強戰力！華文網的人力配置堪稱「精簡高效」，每位員工的產值是傳統出版社的15倍以上！AI超級助理不僅能高效作業，而且還不需支付薪水。正是這支AI大軍，讓華文網在出版業轉進知識服務的戰場上所向披靡，獨領風騷！

📍 人與AI的完美結合

華文網並未因追求效率而犧牲品質，藉由巧妙運用AI工具，

強化編輯與作者之間的創意激盪，打造出更多優質內容。華文網深知，AI再強大，也無法取代人類的情感溫度與創造力。編輯們的共情能力，在與作者或採訪者的互動中扮演著關鍵角色，往往能激發出意想不到的創意火花。正是這種「人機協作」的完美結合，讓華文網在競爭激烈的市場中脫穎而出，成為行業標竿。

AI立體3D學習：助你ALL IN AI未來

華文網不僅自身實現AI轉型，更致力於幫助全球華人掌握AI技能，贏在未來！華文網不僅是最早出版繁體中文區塊鏈書籍的出版集團，接續推出的《區塊鏈創業》、《區塊鏈與元宇宙》、《NFT造富之鑰》、《AI：改變未來的驅力》、《Web4.0商機大解密》、《AI成功學》、《共生之道：人類逆襲AI的生存指南》、《內捲漩渦、量子糾纏、NFT&NFR》、《長板效應、彼得原理、AI賺錢術》等多本暢銷好書，幫助讀者了解最新的技術趨勢與應用場景。其中，華文網與成功學大師陳安之合作推出的《AI成功學》，在兩岸同步發行後立即引發轟動！

隨後發表AI學習系列書籍，包括《All in AI》、《AI智慧之書》、《用AI創造被動收入的100種方法》、《AI創富引擎》，旨在幫助讀者掌握AI技術並應用於實際生活與工作中，為個人和企業提供新的成長機會。為了鼓勵全民都能導入AI，華文網特別策劃全球華人邁向AI未來的起飛計畫：原價6,320元的四本AI聖經套書，學習價只要2,000元，並贈送價值19,800元一期二整天的AI實體課程，堪稱史上最超值的知識饗宴，更掀起了一股AI學習熱潮。

▲AI學習聖經

當代經典【真永是真】系列叢書全面轉進AI

2025年，華文網集團推出當代最重要的【真永是真】系列叢書也全面轉進AI領域！這套歷經十多年精心打造的叢書，已成為兩岸三地最受歡迎的經典讀物之一。全系列包含20本精美彩色大開本的MOOK專輯版和333本標準開本的單冊詳述版，共計999個跨

時代、跨領域、融匯古今、中西互證的人生真理。

【真永是真】系列以其獨特的人生智慧和實用的生活哲學聞名，邀請華人各領域最具影響力KOL撰寫，並結合AI技術，將這些智慧轉化為更具互動性和個人化的學習體驗。讀者不僅能閱讀書中內容，還能透過定期舉辦的【真永是真】真讀書會，將「真永是真」的理念真正融入日常生活。「真永是真對齊AI」將帶領讀者直面AI革命下的各種挑戰。

⭐ 成立鼎豐國際商會HCI【真永是真AI分匯】

為進一步推動AI普及化，華文網更於2025年正式成立國際商會HCI【真永是真AI分匯】，成為台灣數百個分匯中唯一也是最專注於AI發展的專業平台。【真永是真AI分匯】匯集了兩岸三地頂尖AI專家和創新企業家，定期舉辦高端論壇、技術交流和商業對接活動，致力於促進AI技術在各行各業的落地應用。

與其他分匯不同，【真永是真AI分匯】特別強調AI的人文關懷和實用價值，完美融合【真永是真】系列的生活智慧與尖端AI技術。無論是AI初學者還是行業專家，都能在這個平台上找到志同道合的夥伴，共同探索AI時代的無限可能。

分匯定期舉辦「AI未來領袖論壇」、「AI創業孵化營」和「AI實戰工作坊」等活動，為會員提供最前沿的AI知識和實戰經

驗，提升分匯會員的軟硬實力。同時，【真永是真AI分匯】也積極與海內外AI組織建立合作關係，打造全球化的AI交流網絡。

加入【真永是真AI分匯】，將可獲得：

★【真永是真】系列獨家AI賦能版內容

★ 踏入AI圈子結識AI重量級人物，晉級高端人脈圈

★ 優先參與高端AI論壇和研討會的機會

★ 與AI行業領袖面對面交流的平台

★ 潛在商業合作和投資機會

AI學習絕對需要系統性規劃

隨著AI技術突飛猛進，一個嶄新的認知正在形成：在AI時代，獲取答案已不再困難，真正的挑戰在於提出正確的問題。許多人花費大量時間學習如何使用AI工具，卻忽略了最關鍵的一環——如何向AI提出精準、高質量的問題。在AI時代，問對問題比知道答案更重要。掌握提問的藝術，你將成為真正的AI時代贏家。

「向AI提問是一門藝術，更是一項稀缺技能。」華文網集團技術長指出，「會用ChatGPT的人很多，但能夠通過精準提問獲取高質量內容的人卻很少。真正的AI高手，是懂得提問的大師。」

研究顯示，同樣使用GPT-4模型，精通提問技巧的專業人士比普通用戶平均能獲得品質高出300%的內容，效率提升超過

500%。在企業環境中，提問能力甚至直接關係到AI應用的ROI。

華文網AI課程總監表示：「很多學員以為ChatGPT很簡單，但當他們參加我們的實體課程後，才發現自己過去一直在用『初級方式』與AI對話。我們教授的系統化提問框架，能幫助學員在各種專業場景中獲得更精準、更有深度的AI回應。」

想要學會如何向AI提問，正確的方法不是閱讀幾篇網路文章或看幾個教學影片，而是參加專業的實體課程，在專家指導下進行系統性學習和實戰演練。華文網的AI實體課程特別設計了多個環節專門教授「高效AI提問技巧」，用思維鏈的方法來精準提問，從基礎指令到高級提示工程（Prompt Engineering），幫助學員掌握這項在AI時代至關重要的核心能力。為讓更多華人能快速掌握AI應用技能，賺取多元收入，華文網還推出了多樣化的學習課程。鑑於AI技術日新月異的特性，華文網特別設計了長期、系統性的學習計畫，因為AI技能無法透過短期速成課程真正掌握。

華文網提供的實體課程分為一年期12梯次24天AI精華課程（學費優惠價為49,800元）和二年期24梯次48天AI完整實戰課程（學費優惠價為89,800元）。AI的發展，幾乎每月都有重大突破，要真正掌握並運用AI創造穩定收入，需要持續學習。實體課程採用每月一梯次兩整天的密集式學習模式，課程內容根據AI技術的發展隨時更新，確保學員能夠學到最新的AI應用趨勢與實踐方法。

▲AI實體課程

這種長期學習模式能使學員系統性地建立AI思維框架，從基礎應用到進階操作，再到商業變現和創新應用，層層深入。經驗顯示，完成一年或二年課程的學員往往能更全面地掌握AI應用，並成功將其轉化為實際收入，大幅提升個人競爭力。

對於時間有限或無法參加實體課程的學習者，華文網也錄製了最夯的AI線上課程，打造最完整的AI立體3D學習模式。AI線上課程透過案例分析與實作練習，全面提升創造力與變現力。原價39,800元，推廣價3,980元，加送三堂線上課程：「影片拍攝製作全攻略」及「27選2線上課程」！

▲AI線上課程

參加AI實體課程後的學員表示，不僅提升了自身的技能，還在工作和生活中獲得了顯著的收益。例如，一位鍾姓作家在課堂上學會了用ChatGPT快速寫完自己的第一本書，從構思到成書僅用了短短不到一週時間；另一位王姓學員通過課程中學到如何製作自己的數字人，成功在網路上推廣產品，大幅提升品牌曝光度；還有陳姓講師運用AI工具不到半天的時間就快速生成高品質的圖像和簡報檔，在重要演講中脫穎而出，贏得聽眾滿堂喝彩。

如果你也想了解AI、擁抱AI，不妨從閱讀相關書籍或報名課程開始。2025～2026年AI班實體課程時間如下，使用通關密碼12008，還能在以下梯次的課程中，任選一梯次的第一天來免費體驗喔！

2025年
- 5/17（六）～ 5/18（日）
- 6/7（六）～ 6/8（日）
- 7/5（六）～ 7/6（日）
- 8/23（六）～ 8/24（日）
- 9/6（六）～ 9/7（日）
- 10/18（六）～ 10/19（日）
- 11/1（六）～ 11/2（日）
- 12/6（六）～ 12/7（日）

2026年
- 1/10（六）～ 1/11（日）
- 2/7（六）～ 2/8（日）
- 3/14（六）～ 3/15（日）
- 4/11（六）～ 4/12（日）
- 5/16（六）～ 5/17（日）
- 6/6（六）～ 6/7（日）
- 7/4（六）～ 7/5（日）
- 8/1（六）～ 8/2（日）
- 9/5（六）～ 9/6（日）
- 10/3（六）～ 10/4（日）

❶ 上課地點：**中和魔法教室**（新北市中和區中山路二段366巷10號3、10樓，捷運環狀線🚇中和站與🚇橋和站中間）。

❷ **7/5、11/1及2026年2/7特別場次上課地點：台北矽谷國際會議中心**（新北市新店區北新路三段223號，新店🚇大坪林站）。

此外，為回饋熱愛學習的學員，7/5、11/1及2026年2/7在台北矽谷國際會議中心舉辦特別場，推出價值500元至200,000元的好禮福袋全面送（人人有獎），以及百萬獎品大摸彩，包括價值48,000頂級登機行李箱、德國原裝進口飛騰家電價值十數萬元，全台最頂級的碳鋼爐、手工鍋、鈦金屬頂級鍋、伊詩汀頂級保養套組等，讓更多人能以更親民的方式參與這場AI學習盛會。

⭐ 從課程到創業，一站式實現財富夢想！

　　參加AI實體課程的學員，還可參與華文網舉辦的「AI賺錢競賽」，贏取創業啟動基金，成立自己的AI一人公司！華文網將為獲勝者提供全方位的創業支持：稅務、法務、總務、雜務、庶務，全部交由華文網搞定，創業主只需專注於創意與執行！華文網擁有強大的創業導師團隊，包括知名企業家、風險投資人、AI技術專家，全程指導你的創業之路，確保你的AI創業一帆風順！這是一個從0到1、從創意到企業、從夢想到現實的完美孵化計畫！不僅教你AI技能，更幫你實現AI創富！

　　未來屬於那些懂得掌控AI的人，千萬不要等到被AI取代時，才在後悔今天的猶豫。華文網的成功轉型為我們提供了絕佳的範例。面對AI時代，我們可以學習AI工具的基本操作，參與相關技能培訓，並在工作中嘗試將AI融入日常流程，利用AI提升工作效率，增加收入。

　　AI時代不是屬於科技人，而是屬於能應用AI、駕馭AI工具，讓AI為自己服務的人，想掌握這項關鍵技能，報名華文網的AI實體／線上課程或加入【HCI真永是真AI分匯】，將是你最明智的選擇，你就有機會轉動未來！